學 品牌

一個
40年廣告老師傅
的壓箱絕活

葉明桂

獻給我的兒子葉子生，
一個最善良的人

目錄

Part
2 第二套絕活
進入品牌梳理

Part
3
第三套絕活

打造品牌團隊

來自客戶的推薦

桂爺的可愛之處，是做事時的全心投入和那股認真勁。不過，更令人敬佩的，是他一生專注於一件事。他總能敏銳洞察到商業的機會，並給出令人讚嘆的策略。

——簡一大理石磁磚創始人｜李志林

每個人的一生都有命中註定的歸屬和使命，而桂爺的使命就是為品牌而生！讓消費者對品牌產生「偏心」是桂爺傳承的品牌塑造精神。在這個時代，比資源更重要的是思想，比思想更重要的是創意，桂爺一輩子都在做著金字塔最頂端的品牌創意事業。

——I Do 鑽石創始人｜李厚霖

一個傑出的策略，會帶來很多啟發。阿桂就是這樣一個很「妙」的策略人。跟他聊天的時候，能感覺到他是很享受的在做策略這件事情。他很擅長傾聽，更擅長洞察。洞察用戶、

洞察人性，他會洞察到很多細微的事情，再把這種洞察反哺給生意，給出新鮮的解決之道。

—— 58 同城創始人｜姚勁波

阿桂，難得的奇才，讀他的書和見到他本人的感受是一致，在紛繁複雜的表象背後，抽離出來未被發現的品牌大理想。第一次見他的人，最好先讀讀他的書，否則容易被他呈現的「無所謂，很隨意」的狀態迷惑，也許真正的武林高手，大體是阿桂這個狀態，表面裝瘋賣傻，其實深藏絕技。

——林清軒品牌創始人｜孫來春

阿桂很真實，不吝為好的靈光乍現大聲喝彩，也會持續挑戰不夠精彩的創意，一路執著的去探索直擊人心的品牌理念。他的真實，賦予了他誠實又堅韌的匠心，而他的探索，讓他的創意充滿張力又歷久彌新。源碼樂在探索，也關注真實價值的創造，我們和阿桂，一拍即合。

——源碼資本創始人｜曹毅

提起阿桂，我腦子裡最先跳出來的就是熱愛和工匠兩個詞，你很難想像有人能在同一件事情上專注這麼多年，還仍然享

受工作的快樂，仍能保有一顆熾烈跳動的心。這一份熱誠我想正是他的魅力所在吧！

——名創優品創始人｜葉國富

由於工作的關係，我持續在尋找能啟發我思考、打開我視野的人，阿桂正是這個清單上的少數人之一。雖然五源資本是阿桂第一次接觸投資行業的客戶，他還是成功地打動了我。這不僅僅是他在品牌創意的純熟能力與耀眼履歷，他傾聽、洞察、提煉人性的天分，更在於他踐行一輩子專注做好這一件事的持續熱情。阿桂把熱情轉化成終身信仰的特徵，恰是五源最尊重的企業家品質。

——五源資本創始人｜劉芹

總覺得在任何方面能達到頂級水平，都需要天分再加後天的勤奮，阿桂在洞察力方面就是這樣的存在，有讓人羨慕的天分，而且還擁有超豐富的經驗，是品牌方面的大師和藝術家！

—— DR 鑽石創始人｜盧依雯

正如阿桂老師所言：「學習是永遠的現在進行式。」
阿桂老師的作品總能做到不落俗套、不拘一格；絕佳的創意，

持久的創造，在他眼裡品牌是有生命力的。更難得的是，從書中所悟，不止創意之道，成功之道，更有為人之道，處事之道。

——閃送創始人｜薛鵬

人去樓空的阿桂辦公室

胡湘雲 / 奧美集團首席創意顧問

　　在《百年孤寂》的熱浪下，我也加入了重讀的行列。「經過馬康多衝擊之後，看世界的眼光也改變了」，這句話拿來形容阿桂之於我，也很恰當。

　　「你要能找到 idea 裡的鑽石，放大它，其他的瑕疵就會不見」，這是奧美還在民生東路上的時候，阿桂某堂訓練課上的一句閒談，被當時還是小文案的我撿了起來，從此，它打開了我的天靈蓋，成為我廣告生涯中的定錨。我學會了怎麼做自己的創意總監、怎麼做別人的創意總監，之後延展到我怎麼領導團隊、怎麼看人，以及怎麼對待人，至今它仍是我重要的依循，內化成我能力的一部分。

　　阿桂就像那個見多識廣，把世界上新奇知識帶到主

人翁面前的吉普賽人梅賈德斯，而我就像初次摸到冰塊，一時間搞不清是燙還是凍、初次看見假牙可以瞬間讓人從老變年輕之神奇力的荷西波恩迪雅，因著他給我的啟發，而在心中建構了我的煉金實驗室，點燃了第一道烈火。

另一件阿桂令我印象深刻的事，是一通他與媽媽的電話。

我清楚記得，那是個夏天的晚上，在阿桂辦公室，我們對某個案子正一來一往的言語交鋒，此時阿桂手機響了，是阿桂媽媽打來的，關於家常的某些瑣事，我聽阿桂用著溫柔、順從、緩慢的口吻，沒有半點不耐，也沒有任何敷衍地和手機那端的母親不斷重複剛剛說過的話，一遍又一遍，突然間，我好像明白了為何阿桂總是嘮叨囉唆、短話長說的原因了。因為這就是他對待家人的本性啊。

他用對待家人的本性對待所有的同事，和他們討論工作，和他們說話，做他們的前輩，做他們的上司，做

他們的啟蒙者。他的親和、緩慢（甚至他的囉唆、重複）純然真誠，沒有矯飾偽裝。

我曾以為阿桂會是最後離開奧美的人（具體與象徵上皆是），就像還在松仁路 90 號時，創意部在 6 樓，阿桂等一干高管在 12 樓，幾次工作到深夜，整層樓四下無人，然後就會聽見有人從樓上蹬蹬蹬走下來的腳步聲，那不會是別人，一定就是阿桂。阿桂就像巡視著他的家似的，一層一層由上而下巡視下來，而曾經遇見過的人不只我一個，可見阿桂幾乎以奧美為家，經常工作到人去樓空。

而現在，他就要離開了，這一次他比很多人都早。

雖然阿桂曾是這個公司的總經理，但我仍願用策略中的阿桂去記憶他。在我心中，阿桂可能是這個公司唯一一個能自成方法論的策略工作者，他對這個工作的熱愛鮮少有人能堪比擬，他真的就像那個時常將新奇觀點帶到蠻荒之地馬康多的吉普賽人梅賈德斯一樣，與他工作，就像遇見對手般暢快淋漓，雖然我知道，多數時候

是他讓著我。

在奧美，有很多人有著大大的頭銜，但鮮少身影獨特，阿桂是那鮮少中極富傳奇的一個人。無論你用什麼去記憶他，阿桂始終是台灣奧美的一塊重要拼圖。

倒數第三天了，親愛的阿桂，我廣告生涯的前輩，我的夥伴、啟發者，我的朋友，我的老師，謝謝你對我的包容與教導，謝謝你亦師亦友的提攜，謝謝你曾經給予我和奧美的一切。

願你一如既往保持鬼靈精怪的思維，切莫輕柔地步入良夜。

珍重再見。

本文作者簡介：
胡湘雲是台灣第一位也是唯一一位拿下 D&AD Yellow Pencil（全球創意與設計界備受推崇和注目的大獎，其中「黃鉛筆獎」代表實現真正創意卓越的最傑出作品）的人，同時創下

在 Adfest（亞太區歷史最悠久的獎項，表彰能夠顯現亞洲獨有文化的非凡創意）以及 Clio（克里奧國際廣告獎）單一項目金銀銅全掃的紀錄。在眾多區域及國際創意獎項中，經常受邀擔任評審的工作。

她的薇閣小電影（WeGo mini movie）獲法國電視台特別報導，獲選 AdFreak The 25 Most epic in the world（全世界最佳 25 支影片之一）。大眾銀行《夢騎士》更贏得國際媒體如《快公司》（*Fast Company*）和《華爾街日報》的注目和專題報導，網路瀏覽量早已超過上千萬，同時也被翻譯成 9 國語言，被譽為世界上最有影響力的華人廣告。

除了廣告工作，她寫專欄。所寫的〈給年輕創意的 50 個忠告〉成為媒體轉載率很高的一篇文章。因為養貓，開啟了她對動物醫學的興趣，成為社團專家。

2021 年，受 AppWorks 之邀，加入導師群，協助創業者與新創團隊品牌梳理與轉型諮詢。

阿桂賣瓜──
一本專業含金量高的新書

　　我從小就很努力工作，也很會拍馬屁，所以我很早就當上台灣奧美廣告的總經理。當時我所負責的廣告公司，營業額占了我們集團全部七家公司的百分之七十，所以我，不但努力工作，會拍馬屁，也很會賺錢。我心裡想，將來我必定是集團董事長的接班人，沒想到，有一天我老闆打算去大陸發展，臨走時告訴我，接班人不是我，我好奇問：「我這麼孝順，表現這麼好，為什麼接班人不是我？」

　　老闆告訴我兩個原因，第一個是認為我的英文不夠好，如果我再上一層樓，我的老闆就會是個外國人，依我的英文能力一定吵不過外國人！沒錯，我雖然去過美國康乃迪克州某私立大學研究所獲得傳播學碩士，但是我的英文的確只能搞定老中，搞不定老外！第二個理由

則說我這個人太仁慈。仁慈是好聽的說法，其實就是說我個性軟弱，若我再上層樓當了集團董事長，需要做許多殘忍但必須的決策，到時我會猶豫不決，婦人之仁，不但錯失良機，而且過程我也會很痛苦。因此，我沒能升官擔任集團CEO，反而回到了第一線，為客服務。這樣回到第一線「為客瘋狂」了20年，忽然我對這行的專業，任督二脈徹底打通，完全搞清楚品牌是怎麼回事，和產品定位有什麼不同。

也許我一生當不上醫院院長，但我卻是世界第一流的手術醫生，絕不失敗！

終於，我離開了大醫院，自己開了一家小診所。我創了「桂爺品牌策劃」這家公司。離開了投入近40年青春歲月的奧美廣告，我在奧美的泥土，吸收養分，逐漸成長，最後成熟，感謝奧美。然而落下的果實，成為新鮮的種子，在新的土壤上我需要陽光，空氣，水，這本書我自我期許成為創業的東風，提供助我創業的影響力，所以必然是我一生所學的精華，畢生所悟的道理。

這不是一本談理論的書，而是一本實務操作的經驗分享。內容除了介紹如何成為傑出策略家，更多的是如何打造品牌的操作手冊，配上許多案例（雖說有少數案例最終因為創意作品不順利，沒有出階，如小米……，但卻是很好的教材）。總之，都是啟發你怎麼想，教你如何做的專業知識，適合行銷與傳播相關的專業人士，含金量高，保證值回書價，並珍惜你寶貝的閱讀時間。

最後，我留下我的微信 ID:Minguay，做為您的售後服務與交流之用。

Part

1

第一套絕活

品牌的出發點

---

01 品牌如何創造巨大銷售力

絕大多數的人，對品牌有 3 個迷思。

第一個迷思是：無法分辨品牌與產品的不同，也就是不明白塑造品牌魅力與促進產品銷售的方法到底有什麼不一樣。

賣產品所思考的維度是賣給誰，賣的是什麼，以及差異化的賣點，要描述的是產品特點、消費者利益、終極的情感利益、產品的用途、產品對消費者的意義、消費族群如何區隔，目標對象的消費洞察等項目。

而打造品牌所要思考的維度則是品牌主張，包括文化張力、人們與品牌的關係、品牌個性、品牌特有的風格與語氣等這類將產品擬人化的設定。

大部分行銷人員或傳播人常誤以為，只要策略訊息是情感的利益，或是創意訴求是感性走心，就是在進行品牌的工作，其實不然。產品廣告運用動人的故事、有創意的點子來讓受眾感動、驚喜，藉此使人記憶回味，讓人對銷售痛點更有感覺，本來就是天經地義的事。

品牌輸出的對象是全人類，而產品訴求的對象是目標對象群；品牌追求溢價的偏心度，產品追求的是性價比的偏好度，這兩者的目的完全不同。

第二個迷思是：建立品牌需要長期累積才能達成。

多數人以為品牌要花更多錢、更久時間、更大資源才能擁有，其實透過正確的品牌梳理所產出的創意作品，絕對是一見鍾情，快速達成。因為打造品牌的秘訣，是利用已經存在人類腦海的人性衝突或社會糾結，來撬動品牌主張，而產品定位所探討的各種消費者在使用與體驗方面的洞察，一定比不上品牌梳理的人性洞察來得植入人心。

第三個迷思是：大多數人都認為品牌是一個高大上、精神面、空虛，不落地的東西，而且品牌不可能直接幫助生意，因此品牌只是個 Nice to have（可有可無）的好形象罷了。

以上，不只是對品牌的誤解，更是對品牌真正的意涵不瞭解。雖然每個人都認為品牌很重要，但事實上，大部分人並不真正瞭解品牌的內容，不明白品牌可以真實地幫助生意，更不知道品牌其實是銷售產品的原子彈！

品牌可以透過以下 5 個途徑來產生巨大的銷售力！

- 品牌解決從人類學角度遇到的銷售問題。
- 品牌對抗人們在潛意識中的競爭者。
- 品牌能占領行業類別的至高點。
- 品牌藉由人們的衝突與糾結，快速打造知名度，創造偏心。
- 品牌能創造有利銷售的共同場景。

以下我將分別說明，並用 10 個真實案例，來帶你一

遊品牌的世界。

品牌解決從人類學角度所遇到的銷售問題

1. 閃送

　　閃送是同城快遞，一對一專人直送，拒絕拼單。當你到了機場才發現護照放在家裡，你若回去拿肯定趕不上飛機，這時你可以打開閃送 APP，在你家附近找一位閃送員到你家拿護照，再送來給你。閃送的使用時機都是人們在關鍵時刻，將重要的東西，例如身分證、房產文件、合約，甚至鑽石，交給一個陌生人，而人們普遍對陌生人的不信任，正是閃送在擴展生意時，從人類學角度所遇到最大的問題，因為從小我們就被提醒：「不要相信陌生人！」

　　閃送因此提出了一個主張，閃送相信「人性本善」。閃送相信在這個世界，好人比壞人多。閃送善良的主張，讓人們在潛意識上認為閃送背後的這群人，包括閃送的快遞人員，應該都是比較善良的人類，我們願意將重要

東西交給一個善良的陌生人，也不會交給一個相交十幾年，但我們心裡其實有點不太信任的老友。閃送，用善良遞送！

2. 簡一大理石磁磚

簡一大理石磁磚經過 24 代不斷疊代更新，如今的產品外表已經和天然大理石非常相似。兩塊產品，磁磚和大理石並列，幾乎完全分不出哪個是磁磚？哪個是大理石？即使如此，人們心理上還是認為，無論磁磚如何逼真，終究是個假貨，而假貨就是永遠不如真貨。而簡一大理石磁磚的生意來源，就是要替代天然大理石，而「假的永遠不如真的」就是從人類學角度，簡一所面臨的銷售問題。

面對這樣的銷售問題，品牌的洞察是：天然大理石的確是上帝美好的作品，但是天然大理石被開採後就只是永遠不變的石材，甚至隨著歲月逐漸泛黃，而人工大理石磁磚雖然現在可能不如天然大理石，但人工產品卻可以永遠不斷的優化，一百次的優化不夠，可以優化一千次，一千次不夠，還可以再優化一萬次。在永遠沒

有上限的優化後，總有一天，不斷進步的人工產品一定可以超越永遠不變的天然產物。

因此簡一大理石磁磚的品牌理念就是：追求永遠不斷的優化，永恆不止的精進。相信在這世界，假的不一定就比真的差，甚至有時候，假的比真的更好！就像簡一大理石磁磚。

品牌對抗人們在潛意識中的競爭者

3. 台灣高鐵

台灣高鐵是台灣第一個 50 年 BOT 的建案，但由於高鐵造價不斷升高，建成之後，台灣高鐵的天文造價，讓即使高鐵轉移了台灣所有飛機、台鐵及長途巴士的運量，50 年後還是虧本，因此增加台灣人的旅行次數，無論是返鄉探親還是休閒旅遊，成為台灣高鐵的行銷課題。

高鐵真正潛在的競爭者是誰？是什麼行業阻礙了搭乘高鐵的旅次？不是其他運輸行業，而是電信、電視

這些虛擬溝通的產業！高鐵不只是運輸工具，高鐵屬於傳播界。高鐵的本質是將人們準時快速地從 A 點帶到 B 點，然而現代許多科技產物讓人們不必親臨現場，也可以進行如臨現場的交流。因此台灣高鐵反對電視的實況轉播，台灣高鐵認為如果要看演唱會就該在搖滾區吶喊，呼吸偶像的氣味；台灣高鐵也反對那些美食節目，因為畫面視覺上的食慾感不但沒有香味，沒有口感，根本無法滿足真正的食慾；高鐵厭惡 Line 上的表情符號，高鐵認為就是應該真實返家，去擁抱自己所愛的人，感覺母親的體溫，而不是只送上一個想念的表情符號；高鐵甚至反對網路援交，就是應該找一個摩鐵，真正做該做的愛……。

　　台灣高鐵主張：「真實接觸，無可取代！」只有親臨現場才有五官的完整體驗，才是有溫度的情感，才有真正的心動時刻。

4. 轉轉

　　轉轉是中國第二名的二手貨交易平台，第一名是閒魚。在中國，二手貨交易平台目前還無法收費，但相信

有一天會進化到如歐美日的二手貨交易平台可以提成收費。在這漫長等候的過程中，轉轉在品牌工作上的首要任務就是要和閒魚有所差異，並且產生偏心。從品牌擬人化的客觀分析顯示：閒魚雖大，但在平台上只做介紹的工作，給人一個無情冷漠商人的感受，而轉轉則在平台上提供許多吃力的服務，例如手機檢測估價、整理舊書翻新再賣，是一個熱心腸、憨厚的老實人。品牌的工程就是要放大這差異，來塑造有利轉轉生意的品牌個性。

轉轉的品牌故事描繪地球之所以能自轉，是因為在地球有那麼一群熱心助人、燃燒自己的人，而世界的進步就是來自那些有熱情，有激情的人。轉轉的熱心腸，轉動世界！

品牌能占領行業類別的制高點

5. 克麗緹娜

凡是在人們心智上占領了類別制高點的品牌，就是這個產業的第一品牌，這是行銷學上的真理。所謂制高

點，就是這行產品類別在精神層次的終極利益，例如可口可樂的產品利益是清涼解渴，但類別制高點則是歡樂（Happiness）。

克麗緹娜是一家 SPA 美容連鎖店，在中國一、二、三線城市擁有 4000 家分店。會來克麗緹娜做美容的人，只有一種人，就是對愛情有憧憬的人。那些認為男人不可靠，女人當自強的人，是不會來美容院做 SPA 的。只有對愛情有憧憬的人，即使是一個老祖母，還想在公車有些眼神的小曖昧，她就有可能來做 SPA，所以克麗緹娜的制高點就是「愛情」。那麼，愛情到底值不值得相信？這便是品牌所要探討的人性洞察。有人認為：愛情不可靠，因為研究顯示愛情的荷爾蒙只有兩年，激情過後，如果愛情沒有被昇華成親情，這段愛情終究會結束；但也有人相信愛情！只要遇到真愛，那麼無論貧富貴賤，只要能和喜歡的人在一起，一切都歡喜。

而克麗緹娜的品牌主張是：即使愛情不可靠，女人也要勇敢愛！身為女人，必須在這一生轟轟烈烈地談過一場戀愛，人生才是完整。只要女人勇敢愛，克麗緹娜

的生意就永遠做不完。

6. 方特

　　方特集團是中國首席動漫《熊出沒》的母公司。旗下的方特樂園在全國二、三線城市擁有 24 個主題樂園，是全世界第五大樂園集團，也是中國的迪士尼。方特要成為人們尋找歡樂的首選，就必須占領樂園的制高點，若說樂園的制高點就是「歡樂」，這結論未免太膚淺了。對於樂園深入的品牌洞察是：無論任何人來到樂園都會變成一種人：成為彼此的玩伴。當祖孫三代來到樂園時，這時爸爸不再是父親的角色，不會盯著兒子問功課做好沒？而是成為玩伴的角色，會說：「讓我們一起好好玩！」祖父來到樂園會變得年輕天真，孫子來到樂園會自然勇敢長大。無論如何，大家都成為彼此的玩伴。同事一起去樂園的當下，不只是彼此的同事而是彼此的玩伴；情侶來到樂園不只是情人關係，而是一對玩伴。方特因此提倡：在生活的每個角落，我們都應該讓彼此成為玩伴，不只是一起玩，更重要的是「可以玩在一起！」的玩伴精神。

這個主張落實在不同場景，都能讓人與人的關係變得美好。在工作上，同事有了玩伴精神，就少了官僚，多了對話，工作成果一定比別的團隊更出色；在家庭裡，夫妻若不只是夫妻而是彼此的玩伴，就少了無聊，多了情趣，讓婚姻生活更幸福！方特主張的玩伴精神，放諸四海皆準，方特相信：如果世上每個人都成為彼此的玩伴，世界就會更美好！

品牌主張產生作用的原理是：貌似在宣揚日常的生活提案，然而當這些生活提案被人們思考，被接受時，有利品牌做生意的價值觀就會自然植入人們的腦海，創造有益生意的社會輿論，發酵成有利生意的市場氛圍。

品牌藉由人們的內心衝突與糾結，
快速打造知名度，創造偏心

7. 龍騰文化

龍騰文化是台灣最大的高中教科參考書出版商。這是個 B2B 的品牌案例，獲得大中華 4A 金印獎的全場大

獎。高中教科書的選定是由各校老師所組成的評委會，來投票選擇各科目當年的教科書，因此老師是最終的購買決策者。品牌傳播的任務就是要讓老師們覺得龍騰文化是最懂老師的品牌，藉此獲得老師們對龍騰文化的偏心。怎樣才能讓老師們體會到龍騰文化最懂他們？就是要讓老師們都知道，龍騰瞭解老師們內心深處的糾結與不安。

所有好老師內心總是有一個對與對的選擇，那就是教育的初衷到底是要按照社會的標準，教出學生優秀的成績，提高他們的競爭力，還是要因材施教，啟發個別的潛能，讓學生成為他們最好的自己？教書還是教人？到底怎樣才是真正的好老師？

這個老師內心的糾結，若擴散到每一個人類也同樣存在：「你想要做一個最優秀的人，還是要做一個獨一無二的人？」如果是企業組織，「你們要成為一個樣樣傑出的優良企業？還是成為一個獨具特色，無人取代的團隊？」「要做 the best ？還是 the unique ？」

唯有運用放諸四海的人性糾結或價值衝突來做為品牌操作的議題，才會在傳播世界裡迅速且廣泛地被分享、被傳閱，發生病毒式大量感染的效應。因為有糾結的故事，才是好聽的故事；有衝突的議題，人們才會討論才會思考，才會沉澱。現在，傳播世界裡充滿沒有爭議，沒有意義，無法讓人們關心關切的訊息，也根本不會成為話題，這些都是在浪費巨大的傳播預算。龍騰文化沒有投放任何廣告，但因為掌握了老師內心的糾結，竟然一夜成名全台皆知，成為老師們最喜愛的出版商！

8. 大眾銀行

大眾銀行是 10 年前古典的成功案例。大眾銀行早期經營不善幾乎倒閉，賣給新加坡財團，新加坡派了兩名高管來台接收管理，他們最大的成就是讓奧美拍了系列的純品牌廣告，讓大眾銀行的員工找回驕傲，銷售直接成長 30％，股價翻倍，結果溢價又賣給另一個跨國知名的金融集團。這是一個百分之百證明品牌廣告銷售力的成功案例。大眾銀行的廣告作品，取材真實故事改編，執行細緻，是個百看不膩的創意走心作品。

這個創意作品背後的社會洞察，才是支持這系列作品如此偉大最主要的原因。這個社會洞察也是一個糾結，一個對與對的選擇：到底對人類貢獻最大的是社會菁英？還是普羅大眾？有人說：這世界的文明進步都來自菁英分子的引領，例如沒有愛迪生，這世界的夜晚就沒有光明；但也有人說：這個世界的動亂都是來自所謂的菁英分子，例如希特勒發動了死傷千萬的二次大戰。真正推動這個世界進步的，其實不是少數的領袖，而是廣大的人民群眾，所以我們才要歌頌平凡人的不平凡，表揚不偉大的偉大。大部分人都以為大眾銀行走心廣告讓人感動落淚，是因為影片拍的太好了，其實一個作品若只是執行的好卻沒有人性洞察，就像一個沒有靈魂的美女，只是虛有其表。糾結的人性、衝突的價值觀才是作品的靈魂。

　　得到奧斯卡金獎的韓國電影《寄生上流》，也是撬動著上流社會與底層階級的對立，讓人們在內心產生共鳴。採用人性糾結所發展出來的品牌主張，通常也會提供創意人員一個能盡情發揮潛能的創意平台，在一個具備對立價值觀的策略原型之下，往往可以激發創意人員

產出偉大的作品！

品牌能創造有利銷售的共同場景

9.BenQ 明基

BenQ 在手機市場失勢後，努力發展 3 個事業體——

- 投影機：尤其是家用投影機，針對新婚夫婦。
- 電競顯示器：針對青少年。
- 護眼燈：針對有 6 歲小孩以上的父母。

這 3 個不同產品，各自針對不同的消費族群，各有不同的購買理由。不同的產品特點，該如何整合成一個共同的品牌 BenQ？BenQ 提出了一個品牌主張：入戲！「入戲」是什麼意思呢？入戲就是即使有個奸商，他今天來到迪士尼玩，他也會戴上米老鼠的帽子，穿上唐老鴨的 T-shirt，帶著一份童真朝聖的心情在迪士尼樂園盡情玩。於是在一天 6 小時的遊玩過程，他充滿興致，即使是漫長的排隊也不覺煩悶。這就是「入戲」。至於那

些無法入戲的遊客會認為排隊 150 分鐘只坐了 150 秒的雲霄飛車太不值得、太無聊了，於是這 6 小時將會是不快樂的時光。

BenQ 的品牌主張是：如果你想擁有一個精彩深刻的人生，那麼每一刻生活都應該入戲。入戲的主張直接有力地為旗下 3 個不同產品的銷售場景，提供一個共同動機。入戲，BenQ 的品牌故事是這樣的：

看電影用手機當然也可以，但無法帶你深入其境，然而如果改在客廳，窗簾放下，打開投影機看悲劇則可以讓你哭得要死，看恐怖片則讓你嚇得要命，這就是入戲：投影機讓你看影片更入戲。

電動遊戲，隨時隨地都可以玩手遊，但用 BenQ 電競專業顯示器上網玩電玩，無論是組隊打怪或角色扮演，都會讓你更入戲。

看小說，在哪裡看都可以，古人甚至還鑿壁引光來看書，然而改用 BenQ 護眼燈來看金庸武俠或愛情小說，

連續 3 小時眼睛不累不酸，讓你看得更入戲。

原來，3 個不同產品共同的購買動機都是「入戲」，昇華成 BenQ 的品牌主張：入戲讓你的人生更精彩！

10. 360

360 的系列產品很多，如電腦防毒軟體、兒童 GPS 手錶、居家攝影機，行車安全記錄器等，全都是和安全相關的產品，也都針對不同族群提供不同產品利益點，如何找到一個品牌的公分母來幫助所有 360 產品的銷售呢？

在今天的中國，無論高低階層，東南西北，全國上下迷漫著追求努力強大的氛圍，無論是為了積極強出頭，或是消極保地位，都必須奮鬥、逞強，中國人在這種汲汲營營的競爭環境下充滿著壓力，埋伏著不安全感。

360 提出的品牌主張卻是「放下逞強」來解放人們的壓力，來做為 360 旗下各種不同產品的共同銷售場景。人們之所以不買 360 產品的原點：就是太逞強！當孝順的兒子為了年邁父親在家中裝了一個攝影機，老爸卻生

氣地叫兒子拆掉：「我沒這麼老，為什麼要裝一個東西 24 小時監視我 ?!」老傢伙很逞強的說。

媽媽們為什麼不買 360 的兒童安全手錶，就是覺得自己就能看顧好自己的小孩，不需要幫忙。因此我們銷售的話術是：不怕一萬，就怕萬一，請妳放下逞強，接受我們共同保護妳的寶貝；360 兒童安全手錶 360° GPS 24 小時定位妳的小孩，絕對不走失。

我們有效的銷售節奏是先講 Why，再講 How，最後再說 What，「放下逞強」的主張，給了介紹 360 產品特點前一個很好的開場白，同時也間接減輕人們在生活上的壓力，提供人們放過自己的一個正義之詞。

以上 10 個案例，簡單說明品牌梳理輸出的內容是什麼，同時也說明品牌可以產生銷售力背後的原因。

品牌是個古董的名詞，梳理品牌的方法論也很古典，但是真正讓品牌落地，充滿生命的技術與藝術，現在才正開始發揚光大！

阿桂師傅的提醒

　　品牌主張產生作用的原理是：貌似在宣揚日常的生活提案，然而當在這些生活提案被人們思考，被人接受的時候，有利品牌做生意的價值觀就會自然植入人們的腦海，創造了有益生意的社會輿論，發酵成有利生意的市場氛圍。

My Reading Notes

02 如何讓 CEO 看見你、選擇你

　　我這幾年透過品牌梳理的項目，曾和許多企業的創辦人 CEO 有過交流，像是小米雷軍、360 周鴻禕、瑞幸陸正耀、快手宿華、抖音張楠、58 同城姚勁波、人人車李健、閃送薛鵬、OPPO Tony、林清軒孫來香、克麗緹娜陳碧華、I Do 李厚霖、DR 盧依雯與國濤、名創優品葉國富、簡一大理石磁磚李志林、方特劉道強、全季酒店季琦等等。

　　因為我梳理的項目金額是在 200 ～ 400 萬人民幣之間，尤其是談品牌的層次，都需要創辦人或 CEO 的祝福才可能定案結案。因此我除了有機會向這些大老闆學習待人處事的經營之道，更重要的學習是如何與這些上億身價的人溝通。

　　這些大老闆決定雇用我的理由，只有一個：認為我

比別人專業。但他們認定我很專業的原因，可能有著與大部分人不同的角度。舉例來說，有一天，我帶著十支艾菲獎（Effie Awards）的報獎帶，那年台灣奧美是大中華艾菲獎獲獎最多的代理商，我介紹完 10 個成功案例，快手老闆宿華和他的手下陳米亞在房間密談片刻，米亞就出來告訴我：「我老闆說阿桂這個人老奸巨滑，我們趕緊雇他吧。」我聽到自己是因為老奸巨滑而被雇用，真不知是要難過還是高興？我不是老奸巨滑，我是老謀深算啊！

我整理了和大老闆溝通的心得如下：

打造自己是一個不會失敗的人

首先，要精心思考一個精緻的自我介紹，目的是要讓客戶留下一個絕不失敗的印象，我的自我介紹通常是這樣的：

「我從小就很努力工作，也很會拍馬屁，所以我

很早就當上台灣奧美廣告的總經理，當時我所負責的廣告公司的營業額占了我們集團全部七家公司的百分之七十，所以我，不但努力工作，會拍馬屁，也很會賺錢，因此我心裡想，將來我必定是集團董事長的接班人。沒想到，有一天我老闆打算去大陸發展，臨走時他告訴我接班人不是我，我好奇問：『我這麼孝順，表現這麼好，為什麼接班人不是我？』我老闆告訴我兩個原因，第一個是我的英文不夠好，當我再上一層樓後，我的老闆就會是個外國人，依我的英文能力一定吵不過外國人。

沒錯，我雖然曾在美國康乃迪克州某私立大學研究所獲得傳播學碩士，但是我的英文的確只能搞定老中，搞不定老外！第二個理由是我這個人太仁慈，仁慈是好聽的說法，其實就是說我個性軟弱，當我再往上一層當了集團董事長，需要做許多殘忍但必須的決策，到時我會猶豫不決，婦人之仁，不但錯失良機，而且整個過程我也會很痛苦。因此我沒有升官擔任集團 CEO，反而回到了第一線，為客服務。這樣回到第一線為客瘋狂了 20 年，忽然我對這行的專業，任督二脈徹底打通，完全搞清楚品牌是怎麼回事，和產品定位有什麼不同。所以我

也許一生當不上醫院院長，但我是世界第一流的手術醫生，而且我絕不失敗！」

這個自我介紹，獲得許多創始人或CEO的直接反饋：稱讚我的故事，很喜歡我的自我介紹。他們並沒有同情我沒有升官的悲慘，他們沉澱後的思考是：在品牌梳理的領域中，唬弄的騙子與假專業很多，而把這麼貴的項目交給我，他們不但信任，且相信從過程中將會獲益良多，而我絕不失敗！

把自己定位在一個無可取代的位置

將定位的理論，用在行銷自己上。首先我把自己定義為品牌顧問，利用競爭者的行情來折射出自己的行情。我的競爭者是那些常在飛機雜誌刊登廣告的品牌顧問，如特勞特，燁與燁（甚至在機場燈箱大作廣告），他們的行情是 500 萬～ 1000 萬，我的價格為 200 ～ 400 萬，相較之下明顯便宜許多。有了價格優勢，我還會將顧問區分為兩大領域，讓客戶可以二選一。一塊是所有目前

的品牌顧問所能做到的事;一塊則是獨一無二的我與獨一無二的結果。兩者產出品牌標語本質有很大的不同。

一般品牌顧問所產出的標語像是:

- 特勞特:瓜子二手車沒有中間商賺差價
- 燁與燁:愛乾淨,住歡庭。
- 葉幾中:有問題上知乎。
- 君適:喝老白干,不上頭。
- 里斯:老板電器,油烟器機只選大吸力。

這些所謂的定位標語,多是用邏輯推演出的理性利益,強調的是商品的用途或使用的場景,或差異化的特點,對我而言這不是真正的品牌,而是產品定位。

根據我的品牌梳理產出的標語則是——

- 全季酒店:自然,而然。
- 五源資本:別人眼中瘋狂的你,開始被相信。
- 鮮茶道:永遠的新鮮人!

我產出的標語除了邏輯推演出的主張外，還有透過創意黑魔法導出的品牌標語，說的不是直接相關的使用場景，而是精神層面的生活提案，期待藉由人們對價值觀的共鳴而移情到商品上，解決品牌從人類學上所遇到的生意課題。我追求的是一見鍾情的意念，而不是強迫記憶的文字。

等我說明清楚後，我會讓客人想清楚要選哪一種？因為所有品牌顧問都在我的對立面，所以我被選中的機率是 50％，他們的機率則是十分之一，因為站在我這邊的只有我一個啊！

引導對方從人類學角度思考所遇到的生意課題

想贏得大老闆的欣賞，不是你給他正確答案，而是你問了他什麼好問題。這些創辦人或 CEO 他們不容易崇拜別人，卻容易崇拜自己。他們的成長通常來自自學，唯有透過問了一個好問題，讓他產生一種自學的過程，用好問題來啟發他的思考，然後他在思考過程會再將自

學的成果移轉到你的身上，於是對你倍加賞識。

我最常用的 3 個問題是：

1. 在人類學上的生意課題是什麼？

什麼是人類學上的生意課題？例如，閃送是一對一專人直送的同城快遞，它的使用場景是你在重要時刻將重要的東西交給一個陌生人，而人們普遍不相信陌生人的事實，就是閃送從人類學角度所遇到的生意課題。這是從一個新鮮的角度來探討生意課題，是從來沒有人會問的問題，能有效打開創辦人的思路，藉此對你深刻印象。

2. 品牌所在類別的制高點是什麼？

制高點是一個抽象的名詞，可口可樂的產品利益點是清涼止渴，但它的制高點是歡樂（Happiness）；超市的利益點是方便購買，但它的制高點是安全感；手機的制高點，過去是連結，現在是存在感。跨類別的品牌則無法找到制高點，如小米、華為。制高點是個好問題，因為制高點是一種要被悟出來的東西，而不是用邏輯推演出的簡單東西。這個問題會觸動創始人的右腦，引發

感性的思考，這個靈魂拷問將觸動創始人對你的好感。

3. 利用人性的哪一塊來做生意？

克麗緹娜是一家擁有 4000 家分店的 SPA 連鎖品牌，會來做 SPA 的人只有一種人，就是對愛情有憧憬的人。那些主張男人不可靠，女人當自強的人不會來做 SPA。只有對愛情有憧憬的人才會來做 SPA，即使是年歲已長，已經當祖母的人，只要仍對愛情有憧憬，還是會想在公車上有點眼神的小曖昧，這些人都是克麗緹娜的目標。所以克麗緹娜利用愛情來做生意，這個問題讓創辦人之所以成功至今，並有錢雇用我來做品牌梳理，是他必然知道的答案。

千方百計拿到對方的私人社群帳號

能夠得到創辦人的私人社群帳號，像是微信、Line，除了證明創辦人對你有一定的信任外，最重要的是在往後的服務上就有了一對一直接的溝通管道。我通常是在問完好問題後，當創辦人一時回答不出來時，提

議請他好好思考一夜，明天再用微信告訴我答案，於是便順理成章互相加了微信。不過一旦你有了創辦人的微信，請謹記千萬不要濫用，方便不隨便，不要以為客人會變成自己的兄弟，可以隨便打小報告，說人閒話，無話不說。除了過年過節禮貌地打招呼、送祝福之外，微信上聊的都是正經事，方便不隨便。

不要害怕針鋒相對，前進，前進，然後大撤退

所有的大老闆都不喜歡不悅耳的話，但他們更無視唯唯諾諾，沒有自己觀點的人。所以面對企業創辦人或 CEO 一定要有自己的觀點，甚至和對方有點針鋒相對，提出不同的意見，勇敢面對，前進，再前進，直到客人同意為止。不過要注意，請保持敏銳的聽力與行動，當你察覺大老闆開始沒耐性時，態度必須馬上 180 度大轉變，立刻說：「老闆你是對的！我受到了啟發！」然後瞬間合理化出 3 個理由，說明為什麼老闆是對的，而你是錯的，讓對方認為這世界上最懂他的人就是你，於是他不會討厭你，而且會特別喜歡你！前進！前進！大撤退！

許多年前，台灣奧美的最大客戶遠傳電信創辦人徐旭東曾提出一個要求，希望服務他們的兩家廣告公司派亞太地區總裁來向他提出國際視野層次上的建議，課題是遠東集團底下許多不同名字的產品與品牌要如何整合？當時的奧美亞太區總裁 Miles Young 親自來台提案，我們為 Miles 製作一個很大的看板，上面標註了遠東集團 20 多個跨界不同行業的品名，Miles 提議發行一張集點卡，可以聯合收集點數，又可以把 20 多家公司連結起來，可是徐旭東說了一些擔心與考慮後，Miles 敏銳的感受到對方的想法，不再說服，而是直接說：「那我不向您推薦我的想法。」

信手拈來的案例最具說服力

通常我們在介紹一些成功案例時，都會用整理好的 PPT，逐頁介紹，後來我發現沒有 PPT 的案例，其實更有說服力。所有人，包括大老闆都喜歡聽故事，成功案例是最有用的故事，但是介紹起來像是講故事一樣，沒有 PPT 的包裝，更像是信手拈來的隨興演出，才會更動

人，更能讓對方認為你做了好多好多的成功案例，對你更加信賴與欣賞。所以你必須更加熟練案例的內容，將之化為大白話，強迫自己在沒有 PPT 的輔助下，也能生動地講出一個好故事！我都是事先精心準備好要講的案例，但是講起來卻好像是毫無準備般的信手拈來。

讓夥伴也發光，更能點亮自己

如果每個人不只點亮自己，還能照亮別人，這個世界就會更美好！這是林清軒山茶花護膚油的品牌大理想，也是建立團隊最好的精神標語。當我被大老闆認可後，接下來就是要替團隊打光，讓自己的工作夥伴也被老闆知道、認可、欣賞。為夥伴們打光，讓他們也發光，最終他們的光彩也會回照在我身上，讓我更加光彩。當我想為夥伴打光時，我會精心安排一個適當的時機，正確的理由，一對一地介紹我的夥伴，而不是集體式的介紹，這樣客戶永遠記不得誰是誰。

同場加映

趁著客戶興致最高的時刻出價

　　品牌梳理這件事不能用一般工資的概念來計價，也就是花多少小時乘上每小時的工資來收費。品牌買的是價值，是用行情的概念來收費，因此客戶買不買單就看他對品牌的價值重不重視。重視程度很難衡量，但一般都是在一念之間，而這個一念之間的關鍵時刻，通常就是客戶興致最高的時刻。什麼可以讓客人興致最高呢？以我的經驗就是他流淚的時刻。所以我通常會帶著最動人的 6 支感人影片當作我助賣的銷售工具，放完影片，遞上面紙的時候，就是最佳出價時刻。

阿桂師傅的提醒

想贏得大老闆的欣賞，不是你給他正確的答案，而是你問了他什麼好問題。這些創辦人或 *CEO* 他們不容易崇拜別人，卻容易崇拜自己。他們的成長通常來自自學，唯有透過問了一個好問題，讓他產生一種自學的過程，用好問題來啟發他的思考，然後他在思考過程會再將自學的成果，移轉到你的身上，於是對你倍加賞識。

My Reading Notes

03 一個創意作品的創造過程

　　品牌梳理是一個化繁為簡、純化結晶的過程，最後產出的可能是一句話，或是一句品牌標語，或是一篇品牌宣言，可能是一段詩詞，或是一段故事。它們所代表的是，品牌擬人化後要對人們訴說的生活提案，是經過創意才情改寫的動人話語，這些話語鋪陳著品牌的核心精神、價值觀、態度，藉此有情感的表達出品牌主張。

打造創意 5 階段

　　整個品牌梳理的過程，就是一個創造創意的過程。常有人問我，這麼好的創意是怎樣想到的？事實上，一個創意作品產出的過程必須經過 1 擬定課題 →2 消化資料 →3 結晶洞察 →4 放空發酵 →5 對話優化，共 5 個階段逐一打磨而成。以下分別說明：

1. 擬定課題

每一個創作都必須要有一個創作的目的或任務，這個目的必須單純精準。許多不在我們這行的人常誤以為要產生傑出創意，應該給予創意人員無限的空間，事實不然。啟動創意前必須要先產出一個精準的創意策略，接棒之後才有無限的創意空間。

2. 消化資料

除了和課題直接相關的資料之外，建議可以用直覺去選擇閱讀一些和課題間接相關的資料。除了閱讀文字資料，還可以看一些相關的電影或影片。除了業務與企劃所收集提供的資料，還要跟著自己的感覺在網路上瀏覽大量的資料，慢慢地，資料經過消化醞釀，創意人就會漸漸產生手感。

3. 結晶洞察

在這個階段，我們要探索的是創意洞察而不是策略洞察。創意洞察的目的，是找尋如何說才能讓訊息更明白，或如何說才能讓訊息更有感覺。策略是「說什麼故

事」，創意洞察則是「說故事的方法」。創意洞察經常來自創作者的生活題材，或是大量閱讀所獲得的常識，以及常看電影與小說所獲得的靈感，甚至是參考大量成功案例所獲得的啟發。

4. 放空發酵

當我們思考過幾個有意思的創意洞察後，我們就可以先把這個任務放在一邊，然後去做別的事情，讓創意自然發酵。也許去做別的工作項目，或是打坐、打盹、打掃、打電動⋯⋯，打發時間一陣子，點子就會自動來報到。只是點子出現的時機都很偶然，有時甚至來自夢境，必須靠我們有意識地把它記下來，所以身邊總是備著鉛筆與小筆記本是創意人最好的習慣。

5. 對話優化

當點子化為靈感而出現，通常是一個看起來微不足道的小點子，必須透過不斷地優化再優化，才能成為一個 Big Idea，而優化點子最好的方法是透過對話去完成。什麼是對話？辯論是你有一個觀點，我也有一個觀點，然後我們堅持各自的觀點來辯護；討論是你我雖然各有

觀點，但我們會一起從公正客觀的第三方立場來討論優缺點，從中二選一。而對話則是你我分享各自不同的觀點，然後再一起思考有沒有更好的第三個新觀點。通常我們有了一個想法，便可以找工作夥伴，如文案或視覺搭擋來對話，藉由對話過程不斷優化再優化，最後就產出了一個可以提案的創意作品。

什麼才是好創意？

至於什麼才是好創意，我認為必須包含以下3個面向：

1. 和策略巧妙的相關性

策略是「說什麼」，創意是「如何說」，如何說得奇妙，耐人尋味。所以好的創意必須和策略相關，但卻是一種所謂的不相關的相關性，因為太直接相關的作品，不會耐人尋味。像是貓和冰箱，有什麼相同點？答案可能是：都能裝食物，都是冷冷的，都有四隻腳，都有尾巴……。其中，貓和冰箱都有尾巴，感覺就比較有創意，因為尾巴這個相關性讓人意想不到，感覺比較妙，這就

是所謂不相關的相關性。

2. 是沒有人已經做過，新鮮的點子

好的創意必需創新突破，也就是以前沒有人想過做過的點子、想法。現在很多人在思考創意時，常找過去相同課題的案例來參考，藉此優化，這種優化過去所創造出的點子，只能算是二流的創意。如果想要參考資料，尋找刺激物，我建議可以參考生活雜誌，用不相關的生活經驗來加強相關被指定的創意課題，這樣較能刺激出沒有人想過的新鮮點子。追求沒有人做過的東西，是一個創意人員基本的素質，但在時間壓力下要每次做到，真的也不太容易。

3. 具有延展性，可以持久，
也可以放在各種不同的接觸點上

要做到創意可以在時間與空間上延展，就必須是單純單一的訴求，否則很難複製在不同的接觸點。以前 30 秒電視廣告盛行的時代，是追求 campaign idea，由一支廣告所結晶說故事的手法，複製在第二年、第三年，甚至 10 年以上的創意作品，這個方式已經過時。**現代媒體**

的接觸點更廣、更不同、更複雜，而且接觸時間越來越短，這時代我們要追求的不是 campaign idea，而是平台 idea，平台 idea 很接近早年創意必知的創意概念。

什麼是創意概念（Concept）？什麼是創意 Idea ？

這兩個快絕種的名詞，我再次提出來複習，是因為我認為在這個新時代的創意環境，大部分傳播都只要求現世報，想馬上見效有流量，立刻有銷售，而不重視品牌的累積。我認為這種「降價求現一時」的銷售，不可能成為永恆的銷售力，最終會消失在市場的泡沫中。而創意概念與創意 Idea 的目的，就是在梳理如何累積品牌資產的關鍵詞。概念就是你要講的故事是什麼，Idea 就是你說故事的方法是什麼、手法是什麼？

左岸咖啡館要講的是孤獨享受，享受孤獨的故事，這是創意概念，方法是選一個單身女子去法國左岸咖啡館，這是 idea；概念是一串粽子的繩頭，idea 就是這些粽子，人們想吃的是粽子，而不是繩子。

　　創意洞察的目的，是找尋如何說才能讓訊息更明白，或如何說才能讓訊息更有感覺。策略是「說什麼故事」，創意洞察則是「說故事的方法」。創意洞察經常來自創作者的生活題材，或是大量閱讀所獲得的常識，以及常看電影與小說所獲得的靈感，甚至是參考大量成功案例所獲得的啟發。

My Reading Notes

04 洞察是策略的靈魂

　　洞察（Insight）是策略的靈魂，是任何策略中，無論商業策略、生意策略、行銷策略、傳播策略、廣告策略、創意策略⋯⋯，在不同行業、不同層次的各種不同策略中最重要的環結。洞察發生在目標任務之後，解決方案之前的位置。

什麼是洞察？

　　洞察是一個早已存在卻被忽略的事實，經過深入挖掘的新發現，基本上源自人性。提供對事物一種新鮮的看法，用以打動人心。洞察是大家原本就同意的一件事，只是之前沒有人講出來。

Sandy ／前北京奧美集團策略長

首先，我們收集並閱讀無數的資料，將資料消化成許多的瞭解，瞭解夠多的時候，我們就會產生觀點，而這些觀點背後的真相或人性，便是洞察。一開始是觀察消費者行為，然後理解這些行為背後的動機與原因，最後找到人類學的真理，Underline Human Truth，就是洞察。

我曾經聽過一家調研公司介紹他們的成功案例，提到一個刮鬍刀的洞察。他們找到的一個洞察就是，當男人要刮鬍子時，總是會先脫掉他的襯衫，避免被水淋濕。對我而言這只是消費者行為，不是真正的洞察。很多人

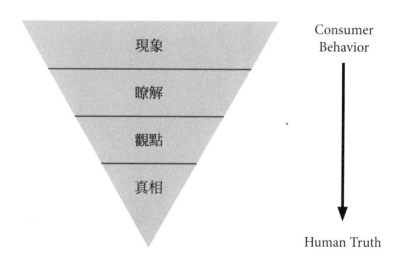

將一些特別的消費行為視為洞察，這對之後要延伸的策略毫無意義。

另外，我也看過一篇有關速食店的調研報告，報告中特別指出當一個消費者要判斷這家速食店衛不衛生時，看的是該店的大門玻璃擦得乾不乾淨，對我而言，這也不是洞察，這是消費態度。

至於什麼是洞察？什麼不是洞察？試舉以下選擇題說明。

請問：年輕人為何不烹調？
1. 他們沒空做飯
2. 他們不喜歡煮飯
3. 他們不懂做菜
4. 他們被寵壞了
5. 他們害怕失敗

答案是 5，他們擔心做菜失敗，搞壞了一頓飯。洞察是內在心理的狀態，不是表面行為的表現，不是消費

者使用產品的態度與行為。

請問：當你老時，你開始更在乎自己的健康，因為

1. 你覺悟到你快到生命的盡頭，你應該珍惜
2. 你知道如果嚴重生病，你可能負擔不起昂貴的醫療
3. 你怕失去獨立自主的能力
4. 你反正已經沒有其他更重要的事需要如此關切

答案是 3，洞察是悟出來的，不是由分析來的，它是一種感性的共鳴，不是理性的判斷。

請問：女性為何偏好較大油箱的汽車？因為

1. 她可以不擔心地開車
2. 加油站不是她喜歡的購物場所
3. 減少加油次數，可以省時做其他更有意義的事
4. 大油箱讓她在危險四伏的路上，更有安全感

答案是 4，洞察是一種剖析，深入行為背後的原因，而不只是一項描述現狀的內容。

洞察是心理層次，而非行為表現。

洞察是感性共鳴，而非理性判斷。

洞察是一種剖析，而非一項描述。

藉由洞察，我們開啟對未來想法的智慧，而不是對過去作法的聰明結論。

為什麼要有洞察？

創意領域的洞察，簡單說就是如何說背後的道理。

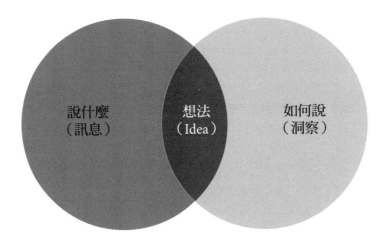

為了達成任務，我們的訊息應該說什麼，這是策略；但是為了要這個訊息更有感覺，應該要如何說，這就是洞察。洞察的目的就是要讓冷靜的訊息充滿熱情，藉由洞察來刺激我們想出一個新鮮的 Idea，洞察會點出一件事：讓訊息有感覺的撬動點是什麼？

例如有一瓶瓶裝茶飲，希望能對消費大眾傳達的產品特點是：只選用茶樹頂端的茶葉沖泡而成的新鮮綠茶。這個訊息要怎樣說才會更深刻，更有感覺？這時我們要強調「最頂端的茶葉只有一片葉，獨一無二，無可取代」。廣告要用「無可取代」的故事，來讓這支廣告更有創意，而「無可取代」便是創意人員所需要的創意洞察。

因為打動人比說服人更能幫助銷售。事實上已經有統計證明，感性訴求的作品其銷售力是理性訴求作品的 4 倍。而打動人的基本要素就是要引發受眾的共鳴，這個共鳴源自於這個作品背後有沒有一個洞察。

洞察除了打動人，也可以用來說服人。以全聯福利

中心的廣告為例，廣告片中描述全聯店裡不但沒有寬敞的走道，也沒有明亮的燈光，也沒有華麗的地板，更沒有漂亮的制服，及貌美的服務員，還沒有停車場、刷卡服務，什麼都沒有，就只有最實在的貨物、最便宜的商品，全聯超市才是真正最便宜的地方。因為羊毛出在羊身上，大家都理解這個道理，只是沒人講出來。洞察讓人們更明白全聯超市為什麼真的最便宜，因為大家明白了，所以增加了本片的說服力。

洞察，更適用於打動人的廣告上，將平凡無趣的販賣點變成有趣的銷售故事。《空中英語雜誌》的賣點是只聘任擁有專業講師證照的英文老師。廣告中，有兩個在紐約街頭的乞丐，興沖沖地討論他們可以到台灣教英文，賺大錢，因為他們會講英文。或許任何講英文的人都可以教英文，但外國洋人不等於英文老師，就是這個創意的洞察。

洞察讓不相關的素材和產品特點產生相關性，讓作品有了奇妙的創意，而有創意的廣告才能幫助銷售。創意就是不相關的相關性，而洞察則提供創意靈魂。

你怎麼知道你找到洞察了？

當你心生「A-ha!」的心聲，那就是了。洞察不是發明，而是發現，而且往往來自潛意識，不是左腦是右腦，你無法證明，但你就是知道。

而且你自然可以分辨小的「A-ha!」和大的「A-ha!」。針對相同議題所浮現的兩個不同觀點，我們心裡其實明白哪一個更加巧妙，是更好的洞察。例如：

同樣針對性愛的洞察，哪一個比較好？
1. 男人的夢想就是想要就有
2. 性愛很美好，但後果很糟糕，小孩是拋不掉的惡魔

答案是 2，我們直覺認為第二個觀點比較深入。

同樣是針對中樂透的洞察，哪一個比較好？
1. 哪天老子發了，就不再辛苦工作
2. 中樂透的人，還是想工作，只是，從此更有安全感地工作

答案是 2，我們可以直覺知道，這個洞察更切合實際！

同樣是對中年女人抗老的洞察，哪一個比較好？
1. 被年輕帥哥誤為年輕辣妹，是件令人竊喜的事
2. 若被兒子的同學暗戀，才是真正的青春永駐

答案是 2，我們直覺可以判斷，第二個洞察比較戲劇化！

同樣是對真愛的洞察，哪一個比較好？
1. 願意付出實質代價的才是真愛
2. 要嘛不愛，要愛就愛一輩子

答案是 2，我們可直覺感覺女人比較接受第二個說法。

直覺？沒錯！就是要相信直覺的力量。

有個客戶問我，人是先有邏輯再有想法？還是先有

想法再有邏輯？

我所認識最傑出的企劃都是後者，他們都是先有直覺想法，再將之合理化。能夠被合理化的就是好方案，不能夠被合理化的就被放棄。

洞察是悟出來的，不是邏輯分析出來的，當你找到洞察，你的直覺會知道，然後你再嘗試加以分析，將之邏輯合理化。

如何找到洞察？

「為了找到王子，你必須先親吻無數的青蛙。」

～查理王子與黛安娜結婚時
西裝翻領的徽章上寫著這句話

首先我們必須擁有 6 歲兒童的好奇心，對天底下每一件事物充滿好奇，用這份好奇心來吸收消化生活的體驗，除此之外也要認真生活，還要養成大量閱讀的好習

慣。閱讀書籍，閱讀快手、抖音、小紅書，閱讀電視電影，閱讀人生百態，廣泛接觸，深度閱讀。所謂深度閱讀就是用自己的心去體貼作者的心，用入戲的態度去跟著電影的主角一遊。沒有深度的廣度，基本上是浪費生命。敏感、體貼的人通常都是找到人性洞察的好手。

若想要更有紀律地找到洞察，還有兩個方法：

第一個方法是：練習問連續的好問題，好問題的開始是連問 5 個笨問題：Why？Why？Why？Why？Why？

當一個問題被連續追問五次 Why 後，往往就能找到洞察。

舉例來說，你分別問了兩位公司年紀差不多的總經理張總和李總一個問題：「請問你最近最想做的一件事是什麼？」，他們兩人的回答分別是：

最近最想做的一件事

張總：

我想消失一陣子

（Why？）

太忙了沒有屬於
自己的時間

（Why？）

因為都被客戶及工作綁住

（Why？）

因為被綁住，
所以無法與家人在一起

（Why？）

我和家人在一起最快樂

（Why？）

自己的時間屬於家人

李總：

我想消失一陣子

（Why？）

太忙沒有屬於
自己的時間

（Why？）

因為都被客戶及工作綁住

（Why？）

因為被綁住，
所以沒有自己獨處的時間

（Why？）

我一個人最快樂

（Why？）

自己的時間屬於個人

相同的問題，經過 5 個 Why 的追問，我們終於明白張總和李總對時間的價值觀完全不同。

當我面試新人時，一開始總是會先問非常基本、常見的問題，例如：「你為什麼想要做廣告這一行？」然後根據他的問答，追問 4、5 個問題，找到洞察。

第二種方法是：收集足夠的消費行為，先用相似點加以分類，然後找到每一類的共同點，思考這些共同點背後的人性。

舉例來說，如果你是做寵物傳播行銷的，你可以先收集 1000 個和狗一起生活的經驗，擷取精華列表如下：

1. 我為狗取人的名字
2. 牠很忠心
3. 每次我一回家，牠就朋友般興奮的歡迎我
4. 牠很愛吃，永遠吃不飽
5. 我會跟牠說話
6. 牠偶然會像個小孩般闖禍

7. 我喜歡把牠打扮漂漂亮亮的在街上炫耀

8. 狗讓我跟陌生人更容易親近

9. 我喜歡教牠一些人常做的小動作

10. 我會給牠人吃的食物

11. 牠會狗仗人勢

12. 我會擔心牠走失

13. 狗可以隨時隨地的陪伴我

14. 狗的忠心不會因人而異

15. 狗死掉我會悲痛萬分

洞察：我的狗就是個人，只不過穿著狗的外衣

從這 15 個描述，我們直觀地認為 1、3、5、7、9、10、15 的描述有一個共同點，於是我們悟出一個洞察：我的狗就是一個人。相同的描述如果重新洗牌，我們還可以發現 2、13、14 這 3 個相似句有一個共同點──忠心，若是加上一個我們對社會的觀察，就變成：人在世界面對很多批評、甚至背叛，唯有狗永遠不會這樣對待我。

行為描述

- 狗很忠心
- 牠可以隨時隨地陪伴
- 狗的忠心不會因人而異
- 人在世界面對很多批評

洞察：狗愛你，不論你是怎樣的人

你會發現，二次洗牌的結果比第一回合的洞察更有深度。要強迫自己不要直接採用第一次歸類的結果，多次重新洗牌、重新組合，你會找到更深刻的洞察。

以上的洞察皆屬於創意洞察的層次，更高層次的洞察則是人類學方面的社會洞察，用來啟發品牌主張之用，將在另外章節加以說明。

阿桂師傅的提醒

　　想找到洞察，首先必須擁有 6 歲兒童的好奇心，對天底下每一件事物充滿好奇，用這份好奇心來吸收消化生活的體驗，除此之外也要認真生活，還要養成大量閱讀的好習慣。所謂深度閱讀就用自己的心去體貼作者的心，用入戲的態度去跟著電影的主角一遊。敏感、體貼的人通常都是找到人性洞察的好手。

05 策略的 5 個原點

　　本章將說明，一個完整的傳播策略（詳見下頁圖），是如何架構而成。

　　所有策略的原點，就是 A 點到 B 點之間的功課。A 點就是目前，此時此刻，消費者是怎麼想；B 點就是未來經過傳播後，我們期待消費者怎麼想。設定 A 點到 B 點的內容，就是設定我們的傳播目的、任務，或是廣告所應該扮演的角色。

A 點：現在消費者怎麼想

　　A 點就是目前，此時此刻，消費者是怎麼想。A 點，通常來自於我們對消費者如何看待產品或品牌的深度觀察。最好是經過科學化的調研，無論是質化或量化的調

完整傳播策略的思維架構

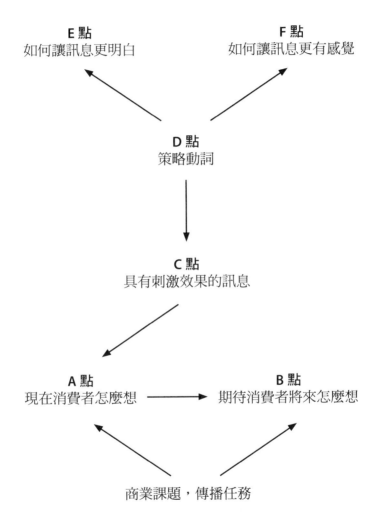

E 點
如何讓訊息更明白

F 點
如何讓訊息更有感覺

D 點
策略動詞

C 點
具有刺激效果的訊息

A 點
現在消費者怎麼想

B 點
期待消費者將來怎麼想

商業課題，傳播任務

083

查來探討人們，特別是目標對象：

1. 在使用產品的行為或態度，是否有什麼不利產品銷售的現象？例如全聯福利中心的售價太過便宜，大家心裡可能會想便宜沒有好貨，必定是販賣劣貨或過期商品。

2 對於產品類別是否有根深柢固的偏見？例如許多人對化學成分的洗髮精有先入為主的觀念，認為不如天然成分安全，相信化學物必定有害身體。

3. 對品牌整體形象是否有直觀負面的感受？例如人們認為旁氏是媽媽品牌，不是年輕人的選擇，品牌老化就成為旁氏生意上的課題。

如果在決定 A 點之前，已經有了明確的生意課題或是市場任務，例如如何讓輕度使用者變成重度愛用者，這時的 A 點要探討的就是：人們用量不多的原因，或是如何阻止用戶的流失，要專門研究的是為什麼人們不續購的原因。

B 點：所設定的傳播目標

　　B 點就是未來經過傳播後，我們期待消費者怎麼想。B 點，絕對是來自我們所設定的傳播目標，例如我們的目標是想從競爭者奪取 5% 的競品用戶，我們在描述 B 點時，就要用消費者的語言來描述，例如「我覺得 X 產品似乎比我現在使用的 Y 產品更好，我下次購買打算買 X 試試看。」當然在描述 A 點時，也要用消費者的語言來描述。為什麼？因為採用消費者語言才能真正進入消費者內心的小宇宙，去感知所要進行的思想改造。將生硬的市場任務化為生動的消費者內心的想法，有利策略思考的代入感。要改變消費者的行為，先要改變他們的想法；想法改變，行為才可能改變。

　　不過近期也有新理論，主張在互聯網普及的數位時代，人們是先有行為改變才會改變思想。人們的行為重複幾次後，就會成為習慣，而合理化這個習慣就成為信念。所以 A 點、B 點的描述也可以是消費者行為，而非消費心態的描述，例如，A 點是「路過 X 店面，從來不會注意它的存在」，B 點是「當我坐計程車經過 X 店時，

我會叫計程車回頭讓我在 X 店停下來。」從 A 到 B，改變消費行為。

C 點：訊息

世上有太多廣告將 B 點當作廣告的訊息，直接把心裡希望消費者怎麼想自家產品，或是直接把品牌化為廣告標題來傳播。例如「世界第一的高端床墊」、「全國首席的經典樓房」、「業界的領頭羊」，這樣以直接的口號來訴求，並無法產生販賣的功用，因為這只是我們希望消費者怎麼想的廣告目的，也就是 B 點。傳播真正的施力點，不是 A 點的共鳴，也不是 B 點的企圖，而是 C 點。

設定 A 點到 B 點的內容，就是設定我們的傳播目的、任務或是廣告所應該扮演的角色。C 點是訊息，C 點就是廣告要說什麼，才能讓消費者的想法從 A 點改變成 B 點，所以就是用 C 來打 A 中 B。當人們拚命呼喚 B 點，即使呼喚再多遍，消費者也只是原地不動。因為 B 點是

終點，不是起動點。

　　舉個例子來簡單說明 ABC 三點的關係。早年我經常去廈門談生意，因為我們在廈門有個辦公室，客戶多是廈門附近的福建客戶。有一次我去郊外南安，回到酒店已經是晚上九點半，想回房休息了，但是我的夥伴邀我去隔壁巷內的富貴按腳店按摩。夥伴跟我說：「現在才 9 點半，離睡覺時間還太早，不如到富貴按腳，全廈門最正的妹都在那兒呢！」所以 A 點就是「太累了，想回房休息」，B 點就是「時間還太早，去富貴按腳」，C 點就是「全廈門最正的妹都在富貴」，用 C 的話術來打動有 A 想法的人，讓他有 B 的行動。C 點就是個刺激物。

　　C 點也可以是不同的訊息，像是夥伴也可以告訴我：「上星期有人在你住的那個房間上吊死了，這鬼每天晚上 9:30 會出現一個小時，不如去按個腳，避一下風頭。」（當然這是我瞎編的，只是為了方便大家理解），至於要用哪一個訊息來傳播，除了黑魔法的直覺之外，主要是根據對有 A 點想法的消費者的洞察而來。

D 點：策略

其實 C 點只是訊息，並不是策略。真正的策略是 D 點，D 點就是 C 點訊息之所以發生改變行為或想法，背後的原理是什麼？「廈門最正妹」這個 C 點，背後的策略是「色誘」，「吊死鬼」背後的策略則是「恐嚇」。恐嚇和威脅感覺相似但是不同，威脅是你有了別人的小辮子，才能達到威脅的目的；恐嚇是直接的暴力語言。所以我們若要有過人的策略能力，除了必須講究文字的字義外，還要在自己的字庫中擁有許多與傳播任務相關的動詞。

而 D 點就是用動詞來表達的，我稱之為「策略動詞」。一個策略中若沒有一個策略動詞，就是一個無法發揮作用的策略。策略動詞是整個策略的靈魂，就像引擎之於汽車，是最重要的零件；策略動詞就是你策略的妙計，一個沒有妙計的策略，不算真正的策略。

E 點與 F 點：如何讓訊息更明白與更有感覺

當擬定 D 點的策略動詞之後，接著我們的傳播策略就要思考 E 點和 F 點。E 點就是怎麼讓 D 點的策略動詞更明白，F 點就是怎樣讓策略動詞更有感覺。就前例而言，要讓色誘更明白，可以再說明富貴按摩的美女們身材是 36、22、34，而要讓色誘更有感覺，可能是用半隱半露的視覺和讓你遐想連篇的文字。

此外，如果我們是在擬定數位傳播策略，還要多想一個難度，就是 G 點：如何讓訊息更被人們關注。也就是思考人們為什麼要在乎你的訊息，這個訊息和人們的生活、價值觀或是社會輿論有何相關，最好是一個可爭議的主題，讓數位傳播可以產生病毒傳染的效應。

案例：三菱汽車

許多年前，我接了一個三菱汽車的比稿，最終不但贏得比稿，還創造了當年車壇最有名的成功案例。

當時三菱汽車進口一批日本原裝房車「三菱晶鑽」1000 台，結果一季後，一台也沒賣掉。探索原因後發現，原來這款車和等級類似的競品「豐田可樂娜」相比，空間較小，內裝也比較簡陋，就連儀表板相較之下也遜色許多：競品的儀表板彩色繽紛，晶鑽卻是黑白無趣的儀表板。試車乘坐後的感覺，也是競品的避震比較舒適，不像三菱晶鑽硬邦邦的。除此之外，這款車還有其他許多差強人意的地方，總結起來價錢應該要比競品便宜才對，但卻平白貴了 10 萬元，後來才知道，這是因為和日本總公司談判價格時談貴了，所以進價成本特別高，售價不得已也只能水漲船高。

　　接下任務後，我做了很多功課，訪問三菱展車間最會賣車的業代，並且找到三菱維修廠的首席工程師，深入瞭解這輛車的特質後才知道，原來三菱晶鑽的底盤是仿製有名的蓮花跑車車架，引擎則是三菱跑車的縮小版，而跑車的避震器通常比較硬。所謂避震的原理，就是把一次的震動化為 1000 次的小震，讓乘坐者盡量感覺不到震動。然而根據質量不滅定律，這些被打碎的小震動，人類的腦神經其實還是可以感覺到，這也是為什麼乘坐

凱迪拉克上山容易暈車，而坐吉普車比較不會暈車的道理，而跑車必須對地面狀況感知夠敏感，才能駕駛得心應手。

此外，跑車的儀表板通常黑白分明，是為了讓人在高速行駛中，快速低頭一瞥就明白車訊，所以這台晶鑽原來是一輛道道地地的跑車。但為什麼裝著一個毫不起眼的房車外殼呢？什麼人會買這樣一台「偽裝的跑車」？對我來說，只要有 1000 個人就夠了，雖他們可能是極少數，但一定存在。

我認為，世界上有兩種人會買這種偽裝的跑車，第一種是那些因為職業背景不方便買過分引人目光，特別騷包的跑車的人，例如公家機關官員等。這些人雖然也想要享受奔馳的快感、駕駛的樂趣，但礙於身分沒辦法，所以只有這樣偽裝的跑車可以滿足他的速度快感和身分地位的需要。

另一種人則是喜愛扮豬吃老虎的人。所謂扮豬吃老虎，就類似於我坐在鋼琴前面，所有人都面露瞧不起的

不屑眼光，然而當我一下手，居然彈出一首美妙悅耳的《卡門》，大家都驚呆了；又像是當我拿到一份全是法文的法式料理菜單，坐在我對面的女友用手捂嘴，顯示不懷好意，等著看我出醜，沒想到我竟說出一口道地的法文，讓她佩服得五體投地。

我開著三菱星鑽在紅綠燈前停下，左邊來了一台賓士房車，車上一家五口，天真無邪的小朋友放下車窗，探頭指著我的車說：「爸爸，你看隔壁這輛車好破好難看……」這時我右邊停下一台敞篷BMW，一對帥哥美女，美女手攬著男友的臂膀，對我的車投射一眼不屑的眼光。這時紅燈一熄，綠燈一亮，我一踩油門，從後照鏡看著賓士與BMW離我越來越遠，一股伸張正義的快感由衷升起……。

一年後，我又發現有一種人必須買這樣偽裝的跑車。話說有次我去台中見一位中部地區地產大亨的第二代接班人，談完生意，小開親自送我到門口等專車接送，大門旁的車棚停放著五台黑色賓士，只見門口開進一輛小轎車，仔細一看原來是三菱晶鑽，我心裡還正想著這台

是不是 1000 台其中一台呢？（當時因為廣告效果太好，電視廣告預算還沒花完，1000 台車就全賣光了，廣告也因此停止播放，因為我的收費是按廣告費抽成的，所以這一單其實沒賺到什麼錢）。這時小開忽然說話了，他說：「桂總，正在進來的這輛小轎車是我以前在開的，是三菱晶鑽，你不要小看這台車，跑得很快的！」我心裡明白他說得沒錯，這時小開的特助側身在我耳邊小聲的說了一句很清楚的話：「我們少爺小時被綁架過……」，原來如此，有錢人害怕被綁架，當然要買偽裝的跑車。

回到策略的原理，在這個例子中——

A 點就是：最貴的房車，價格不合理
B 點卻是：最便宜的跑車，價格超划算！

所以我們重新定位這台車的類別為跑車，而跑車的價格是房車的 3 倍價起跳。所以 C 點的訊息是偽裝的跑車，用 C 打 A 中 B。

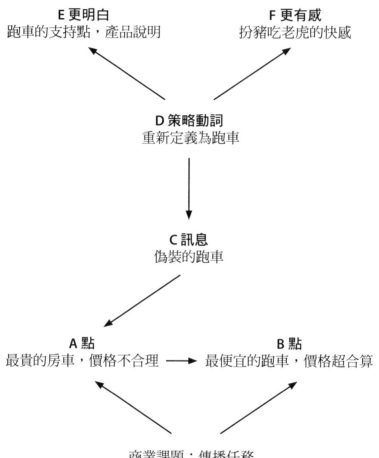

三菱晶鑽 Mirage

E 更明白
跑車的支持點，產品說明

F 更有感
扮豬吃老虎的快感

D 策略動詞
重新定義為跑車

C 訊息
偽裝的跑車

A 點
最貴的房車，價格不合理

B 點
最便宜的跑車，價格超合算

商業課題：傳播任務
「如何解決價格不合理，太貴的問題？」

而訊息（C點）背後的策略動詞（D點），則是重新定義，讓人明白並相信這輛是真正的跑車，如何讓訊息更明白（E點），則是在廣告上說明產品是跑車的各種配套，如何讓訊息更有感覺（F點），風格與語氣上，我們則利用扮豬吃老虎的快感來做訴求。

阿桂師傅的提醒

　　世上有太多廣告，直接把心裡希望消費者怎麼想自家產品，或是直接把品牌化為廣告標題來傳播。這樣以直接的口號來訴求，並無法產生販賣的功用，因為這只是我們希望消費者怎麼想的廣告目的。傳播真正的施力點，是訊息，也就是廣告要說什麼，才能讓消費者的想法改變。

My Reading Notes

Part

2

第二套絕活

_____

進入品牌梳理

_____

06 如何定義課題（上）：做出市場區隔

　　好的企劃和好的執行，都源自一個好的課題。什麼是好的課題？就是能對症下藥，並且刺激思考的好問題。課題的相似詞就是挑戰、任務、目標。課題有許多不同層面的挑戰、任務與目標，這裡要探討的主要是商業企圖，也就是生意從哪裡來，怎麼來？

5C 拆解商業環境

　　商業企圖的擬定來自商業環境的分析，透過商業洞察而匯集成單一而實際的方法，從而協助客戶業務成長。在凝結出商業洞察前，先讓我們系統化拆解商業環境：從企業、品類、競爭、消費者，以及渠道五方面來分析，也就是 5C：Company、 Category、Competition、Consumer、Channel。

Company：企業真正想要的是什麼？

要瞭解企業真正想到的是什麼，也許要從以下基本資料來分析：

1. 你需要銷售多少量的產品，在多久的時間內？
2. 價格是多少，利潤率是多少？
3. 目前具體的使用量是多少？必須新增的用戶量是多少？
4. 這營銷項目的預算是多少？
5. 這次推廣中有什麼資產或社會事件可以被好好運用？
6. 企業最想達成的 KPI 是什麼？
7. 這個 KPI 能否被量化？
8. 達到 KPI 最大的阻礙是什麼？
9. 企業有什麼可以利用的資源？
10. 如何衡量目前的品牌是否成功？

Category：應該如何界定品牌所處的品類

要界定品牌的品類，可以透過以下問題來思考：

1. 人們是如何看待我們的品類？

2. 本產品可以屬於哪些品類？

3. 這些品類的規模如何？滲透率，數量，銷售額，
利潤等

4. 它們呈現增長還是下降的趨勢？

5. 我們在這些品類的份額是多少？

6. 我們產品應該是什麼品類？

7. 這個品類對應哪些大的需求？

8. 我們最大的特點是什麼？

9. 它還能換成什麼品類？

10. 換了之後，會有什麼好處？

Competition：競爭對手的策略與定位是什麼？

要知道競爭對手的策略與定位，可以透過以下問題
來分析：

1. 誰是你的主要直接競爭對手？

2. 誰是你的主要間接競爭對手？

3. 是否存在潛在需要防備的新競爭對手？

4. 競爭對手的價格是多少？

5. 它們的訴求是什麼？曾經是什麼？如何被傳播的？

6. 它們的媒體預算有多大？曾經是多少？

7. 它們的銷售額有多大？

8. 它們要賣給誰？

9. 它們主要的賣點是什麼？

10. 和它們相比，我們的優劣是什麼？

Consumer：誰是我們最有意義的潛在客戶？
消費者需要什麼？想要什麼？

想知道消費者需要什麼，想要什麼，可以透過以下問題來深入瞭解：

1. 產品可以吸引哪種消費者？

2. 如何細分市場？市場如何區隔最有意思？

3. 這些市場區隔，各自的人數，銷售，及利潤的差別是什麼？

4. 他們喜歡或厭惡品類哪些方面？

5. 他們喜歡或厭惡品牌哪些方面？

6. 他們喜歡或厭惡競爭對手哪些方面？

7. 他們是誰？

8. 他們是哪一類人？

9. 我們的產品滿足了他什麼需求？

10. 他們有什麼需求沒有被滿足到？

Channel：渠道通路和銷售環境是怎樣？

透過以下問題來結晶：

1. 產品在哪兒賣？

2. 產品販賣的過程是怎樣？

3. 我們的市場份額是否非常依賴分銷渠道？

4. 那麼分銷渠道是成功的關鍵嗎？

5. 銷售渠道的主要趨勢是什麼？

6. 這些渠道如何看待你的品牌和產品？

7. 產品如何在商店中擺放？

8. 渠道的硬體優劣勢如何？

9. 渠道的軟體優劣勢如何？

10. 渠道需要改變嗎？怎麼改變？

生意從哪裡來？

當你對於上述分析商業環境的 50 個問題，腦海中有了 7 成答案，自然開始有了手感，但只有感覺，還是沒辦法形成一個聚焦的商業企圖，必須再思考生意從哪裡來，怎麼來這個問題。這個思考過程就是預先做一些定位的假設，來選擇成長的路線或方法。對什麼而言，我是什麼？給你什麼？首先要思考：產品賣給誰將擁有最多的銷售機會？要定義成什麼類別才會有最大的成長空間？要滿足消費者什麼需求，可以提高最多的收入？我們可以藉由思考下面 5 個面向，來刺激想法，整理出生意從哪裡來的結論。

1. 生意可以從全新的消費者，
從未使用過商品的新使用者而來

要培養新的使用者，必須創造消費的使用動機，或是介紹新的使用場景或新的用途，滿足消費者新的需求；也能透過降低人們購買的門檻而來，例如降價促銷，讓原本嫌貴的人買得起。

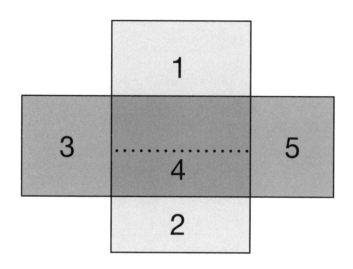

2. 生意可以從現有的使用者，增加他們的使用量而來

　　增加原有的使用量，讓人多買一點，不見得非要靠降價促銷。促銷是最簡單卻也是立刻削減利潤的手法，可以藉由提醒消費者使用我們這項商品的美好回憶，強調出商品體驗的樂趣與快感，藉此增加人們的用量。

3. 生意當然也可以從競爭品牌的使用者而來，
也就是把他們搶過來，轉換過來

　　轉化競品，提供比競品更優惠的交易，當然也是種

可行手段，但我認為直接降價就失去行銷價值了，更高明的作法是找到「競品沒有、而我獨有」的特點，或是提供我們比競品更優的利益點，這個利益點不見得是實質的利益，能激發出消費者情感共鳴也是一種利益點。

4. 生意必須防止競爭品牌來搶奪我們的占有率，這想法雖然保守但很實際

做營銷的絕對不要自我欺騙，當競品出現比我們更優秀的產品，我們應該正面面對競品可能強奪這個事實，不必唱高調的要求成長，而是認真做好防守策略，如何減少或減緩市場的流失，並積極改良自己的商品，恢復競爭力。

5. 生意更可以從創造新的使用用途而來，開拓全新的市場

創造新用途，例如李施德霖原本是泡腳的藥浴，但是藥膏新品的效果好，又方便，於是逐漸失去市場。能夠瞬間殺死百萬細菌的李施德霖重新定位成為漱口水，消除口臭，保健牙齒，創造全新的市場。又像是烘焙用的蘇打粉由於時代進步，超市便利，女性在家手作烘焙

的機會降低,用量大大減少,具有乾燥除臭副作用的蘇打粉重新定位成除臭劑,進入了新的類別,也打開了新的市場。

如何做好市場區隔?

針對產品要賣給誰這個問題,首先要做的是市場細分的區隔,有一個標準的市場區隔思考方式可以參考:

首先將市場一切二塊,一塊是使用者,一塊是非使用者。

假設市場上共有 100 個人,使用者與非使用者各半,

50
非使用者

50
使用者

就是 50：50，接著在橫軸上，也劃出一條橫線，將使用者分為重度使用者與輕度使用者，按照 2 ／ 8 原理，假設重度使用者是 20％，大部分是輕度使用者 80％。

於是重度使用者占市場為 10 個人（10％），輕度使用者為 40 人（40％），重度使用者的定義必須實際，每個類別的定義都不同，例如每天一瓶酒算是重度使用者，每天一支香煙不算重度吸食者。

非使用者可以劃分成二種人，一種人是曾經使用但是現在已經不再使用的人，也就是拒用者，另一種人是從來還沒有使用的人，也就是潛力新使用者，假設他們

50 % 非使用者	50% 使用者	
15	10	重度使用 20%
35	40	輕度使用 80%

的比例是 3 比 7，少數拒用，多數是沒用過的人。

那麼在市場 100 人裡，拒用者便是 15 人，而新使用者則有 35 人。一般來說，我們不一定能有精確的市場數字來做策略上的參考，於是藉由這個方式，每次只將市場切成二塊，運用直覺猜猜看哪一種人比較多？哪一種人比較少？多很多，還是少很少？猜不出來就先當作一半一半。

如果再加入一個分析維度：品牌的偏好度，假設偏愛我牌的是 40％（我們是市場的第二品牌），偏愛其他品牌的是 60％，上面的市場分配圖就會變成更立體、更

	50％ 非使用者	50％ 使用者	
拒用者 30%	15	10	重度使用 20%
新使用者 70%	35	40	輕度使用 80%

有意思了。

　　假設我們選擇了市場區隔中數量較多的輕度使用者，這時又多了一個深度的策略思考：我們要讓 16 個喜歡我牌的人多買一點，增加使用量？還是轉換競品的輕度使用者，改用我們的商品？另一種選擇是，我們要選擇數目多但比較難的競品輕度使用者（24 人），將之轉化成我牌，還是選擇人數較少（14 人）但相對容易的潛力新使用者？後者是尚未使用商品但主觀上已經較偏心認可我牌的人。藉由不同生意來源的假設，可以刺激我們合理化各方案的優缺點，促進我們洞察更深度的消費

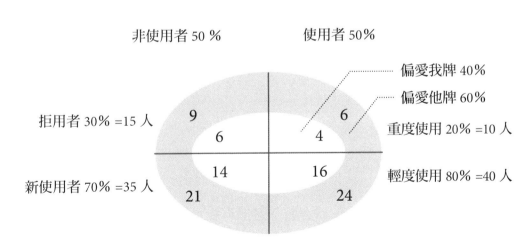

者行為與態度，幫助我們思考商業企圖應該是什麼。

你的生意從哪種人而來？

賣給誰？永遠是生意策略首要思考的課題，商業企圖不只是一個銷售目標的數字，而是要策劃一個目標，而這個目標背後有著生意策略上的思考。

決定生意從哪種人而來的分析模組如下：

首先將人群分成二種人，一種是在乎他人看法的人，一種是在乎自己感受的人。另外縱軸上也分成二種人，一種是外向、高調的人，另一種是內向、低調的人，合併在一起就成為田字型的消費者族群區隔圖。

所以世上有四種人，a 在乎別人又外向高調的人，b 在乎自己又外向高調的人，c 在乎別人但內向低調的人，d 在乎自己但內向低調的人。親愛的讀者，請問你是哪一種人？試問：牧師，傳教士會是哪一種人？適合哪一

	在乎他人看法	在乎自己感受
外向，高調	a	b
內向，低調	c	d

種人？答案不是 a，而是 b。傳教士都是要人按自己的意念，希望你得救，信主得永生，所以是高調而有控制欲本質的人，不是那種粉碎自己，隨波逐流的無教條主義者。

　　理想情況，分析到這裡你應該已經有了自己的商業洞察了，甚至已提煉成傳播推廣的簡化版本：一個具體且清晰的策略陳述——商業企圖。

阿桂師傅的提醒

　　產品賣給誰將擁有最多的銷售機會？要定義成什麼類別才會有最大的成長空間？要滿足消費者什麼需求，可以提高最多的收入？藉由不同生意來源的假設，可以刺激我們合理化各方案的優缺點，促進我們洞察更深度的消費者行為與態度，幫助我們思考商業企圖應該是什麼。

My Reading Notes

07 如何定義課題（下）：
商業企圖的策略陳述

　　商業企圖最好表達的句型是「通過 Y，而不是 Z，來達成 X」。X 代表具體的目標（擅長，防衛等），Y 代表你計畫如何達成目標（即策略），Z 代表最顯而易見的策略。這裡「而不是 Z」是一個美妙的梗，因為有這個句型，才能強迫我們思考更好的策略，而不是一般理所當然的想法。

案例：房地產——
海南萬通的商業環境分析與商業洞察

　　以海南萬通的某個產品為例，先進行 5C 分析後發現，競爭力和競品一樣，消費者和競品一樣，若要差異

化，只有從品類的定義來做切入。深入產品後發現該商品的空間設計偏向酒店式而非純住宅產品，有寬大的大廳、寬敞的海景大窗可賞無敵海景，以及類似酒店的公共設施等，分析後總結，該產品具備觀光本質的 DNA。

重要的事情再強調一次：「為了達成 X，我們必須做 Y，而不是 Z。」

海南萬通的商業企圖，是為了達成 7 個月銷售 1000 套單位的 KPI（X），我們必須完成新鮮好奇的酒店投資品項（Y）而不是一般的休閒住宅（Z）。

此案的商業洞察如下：

1. 房地產主要靠地面推廣、線下推廣，而以此案來說，中原地產渠道的優勢在南方，北方是弱勢，但客群卻主要是南下到熱帶地區海南置產的北方人，換言之，無法依靠傳統的地面推廣策略。

2. 一般人的潛意識認為，香港人比內地人精明能幹，甚至文明（在當時），北方人又常常去香港旅遊，香港

的客戶在 lifestyle 上始終是內地人的示範者。（以上敘述是以當年的時空環境而論）

3. 因此，洞察即是如何讓來自三北（指東北、華北與西北，涵蓋中國北方 12 個省分）的豪客與香港的生活大師產生關係，讓兩者在香港的購物休閒體驗中相遇，讓 10% 的香港購買者直接影響 90% 的內地消費者。

為了打造新鮮的酒店投資商品，我們決定將香港做為面對三北人銷售的主戰場（因為香港當時有大量來自三北的觀光客），而不是直接把地產拉到在三北分銷。

綜合以上就有了具體的商業企圖。

概述消費者購買旅程的 4 個模式

有了商業企圖後，該如何落地呢？接下來，可以將商業企圖的大目標進化為幾個可執行的小目標，成為一整年的項目，包括一年內要做好哪些項目的設計等。每個類別、每個商業企圖會因為選擇的傳播節點不同而有

不同的規劃。傳播節點主要的概念，是根據消費者的購買旅程，或人類消化訊息的過程來設計。

以下介紹 4 種消費者歷程節點設計的方法：

第一個模式：Why、How、What

　　根據腦科學研究，人類吸收訊息最有效的步驟是先談 Why 再談 How，最後談 What。所以要有效地說服，就要先感性後理性，這也是人腦接收訊息的歷程，先被感動之後，大腦才會打開過濾訊息的洞口，讓大量的資訊進入腦海來消化。要從抽象的感覺先爭取好感，再來談理性的有什麼、為什麼。一般人所想像的有效說服過程，卻是先介紹理性清晰的部分，我們的商品是什麼、有什麼、為什麼好，如何好，也就是先講產品利益點，再講可被相信的理由和支持點，最後才考慮要不要做品牌情感上的訴求，但這樣的順序其實是違反腦科學原理的。

　　所以顧客歷程節點的順序，應要先介紹 Why，Why 就是我們的初衷，我們的理想，對人類的主張，藉此引

起消費大眾的好感與興趣，然後才根據品牌的價值觀，說明我們是如何做到的（How），最後再介紹商品的特點與優點（What）。

第二個模式：A.I.D.A

這是一個傳統但歷久彌新的消費者歷程。首先以一個好的行銷方案引起注意（Attention），接著激發他們的興趣和認同（Interest），接下來對產品提供的利益產生欲望（Desire），最後推進到行動（Action），達成購買。

第三個模式：A.I.D.A 優化版

共分成 5 個節點：分別是鼓勵考慮、發現與採購過程、轉化／購買行動、顧客使用過程、效應放大。

第四個模式：JWT 的購買 6 步

購買 6 步分別為 1 產生需求 2 考慮要求，接著 3 收集信息，之後 4 比較判斷，然後 5 體驗驗證，最後 6 刺激購買。下面以頭痛藥的購買為例，說明購買歷程的 6 個節點。

1. 當我頭開始痛了，我的需求發生了。

2. 在有需求的前提下，我開始思考要解決頭痛可以做哪些事。如果我要求的是無任何副作用，我可以選擇按摩頭部，但如果我要求高效率則可以選擇吃藥，最後因為我頭疼很嚴重，決定吃藥。

3. 那麼我便進入主動收集信息這一步，看市面上哪些藥物可以快速解決頭痛問題，結果我找到的阿司匹靈可能傷胃，普拿疼可能傷肝。

4. 接著開始比較判斷。胃的問題，我判斷醫療比較可解，肝的問題較難解，所以我選擇了阿司匹靈。

5. 在眾多阿司匹靈品牌中，我選擇有規模有品牌知名度的大藥廠拜耳，吃過之後立即解除頭痛，所以我的體驗很好。

6. 如果下一次頭疼，我還是會選擇拜耳的阿司匹靈，同時我也向別人推薦。

以上就是一個完整的消費者歷程。

我們在傳播上的每一個節點上，都必須找到品牌在每個節點當下所扮演的角色，或是在這個節點要傳播什

麼訊息最有效。

　　當然每一個商品的購買步驟，不一定會按照模式的步驟依序發生或進行，例如買電吉他，當人產生買電吉他的需求時，他們可能會直接從發生需求跳到比較判斷，因為他極可能會選擇和心中喜歡的偶像歌手相同的電吉他，從崇拜的偶像們使用的各種品牌中，挑選自己買得起的品牌，然後再實際體驗，甚至完全不去試聽、比較，而直接購買。

　　另外，當商品屬於具有特色、購買風險高（買錯會很後悔）的類別時，例如 Apple 電腦，要購入這種高價商品，它的顧客歷程便是消費者先要知道這個品牌，並且完整瞭解功能，吸收足夠的知識，並且形成偏好的態度，最後才會採取購買行動。

　　但換成低風險、沒有產品特點，且有眾多類似商品時，人們較常看知名度（awareness）就直接購買（purchase）來試試，藉由試用來形成品牌偏好（attitude formation），最後才有興趣去瞭解（comprehension）它

122

的成分、製造等相關資訊，來添增自己的見聞，滿足好奇心。

以香水這種高價又差異化不大的商品為例，當有了知名度後，會用試聞來讓消費者形成態度，看看到底喜不喜歡這個味道，如果喜歡這個香味就會查看它的成分故事、製造廠商的信譽等，最後決定購買。

以上節點模式可以當作參考，但還是得依類別和商業企圖的不同，來選擇優化既有模式。但最好的操作模式，建議還是以一個訂製的調研來探討商品的顧客購買歷程。

選擇一套消費者歷程後，就要根據每一個節點深入思考：在這個節點消費者的想法和狀態，在這個階段有哪些消費者對我們有正面有利的看法，哪些消費者對我們有負面不利的想法。根據這些阻力和推力，來決定是解決消費者在此時對我們負面的想法，還是放大消費者對我們正面的想法，然後擬定在這個節點，我們期待消費者要如何想才會達成節點的階段性目標。

以策略動詞為開頭的 5 個思考點

根據每個階段性目標所設定的期待，我們會用策略動詞為開始，描述在這個節點應該做什麼，也就是在這個時間點傳播所應該扮演的任務。這個任務就是根據商業企圖來訂製小目標、小課題。什麼是用策略動詞做開頭的傳播任務呢？以下提供 5 個思考點：

1. 在鼓勵考慮的節點上，我們要透過什麼才能建立品牌或產品的認知，可能的方法有：

- 強化情感的連結
- 教導人們瞭解品類
- 教育人們瞭解品牌或產品
- 挑戰品類的界限
- 矯正對品牌或產品的觀點及誤會
- 徹底改變顧客的日常習慣
- 激發興趣

2. 在發現與採購的過程，我們要透過什麼來讓消費者對品牌感到興趣？可能的方法有：

- 激勵消費者與品牌互動
- 挑起實際試用的欲望
- 示範產品的優點
- 收集潛在顧客的詳細信息
- 凸顯品牌或產品的不同之處
- 增進消費者的好奇心
- 灌輸消費者購買的理由

3. 在轉化及購買行動的時間點，我們要透過什麼來豐富銷售的環境，可能的方法有：

- 鼓勵即時行動的緊迫性
- 提醒消費者產品的優點
- 促銷優惠，提供折扣品牌的系列產品
- 限制在銷售點的選擇
- 找到更多的試用者

4. 在顧客使用的過程，如何培養品牌用戶的忠實度，可能的方法有：

- 培訓新產品的使用習慣
- 遊說影響產品使用的人
- 保留現有顧客
- 增加現有顧客向上升級
- 補足顧客的詳細信息

5. 在效應放大的階段，我們可以透過什麼來放大效應？可能的方法有：

- 建立一個圍繞品牌的社群
- 收集立即的具體回應
- 動員影響決策的人
- 推動同伴之間推薦
- 利用現有社群

到此，簡單總結一下〈如何定義課題〉上下兩章的重點：

這是一個找到大目標，將之化為數個小任務的過程。

1. 首先分析 5C 的方向，收集整理資料讓自己有基礎的手感，再借用定位的工具，擬定生意從誰而來、怎麼來的商業企圖，成為傳播的大目標。

2. 接著藉由消費者購買歷程來決定傳播需要幾個節點、哪些節點，並運用策略動詞將這些節點化為許多傳播的小任務，到此已完成完整的大大小小的課題。

3. 接下來，根據這些削尖的小任務，各自發展傳播策略，形成為對創意團隊的簡報，而這個策略簡報的內容及定義，可參考〈策略的 5 個原點〉一章。

根據腦科學的研究，人類吸收訊息最有效的步驟是先談 *Why* 再談 *How*，最後談 *What*。所以要有效地說服，就要先感性後理性，這也是人腦接收訊息的歷程，先被感動之後，大腦才會打開過濾訊息的洞口，讓大量的資訊進入腦海來消化。要從抽象的感覺先爭取好感，再來談理性的有什麼，為什麼。

My Reading Notes

08 品牌梳理黑魔法（上）

　　我最大的開竅，就是明白了品牌與產品的不同，尤其是分辨品牌定義與產品定位的差別。

什麼是產品定位？

　　產品定位是對誰而言，產品是什麼？（用途，場景，意義）、提供你什麼好處？（差異化特點，情感上的利益）。

　　產品定位是所有營銷的基礎，沒有定位，不可能做好真正的銷售。試想：不知道賣給誰，不清楚產品用途，不選擇主打商品特點，缺乏這些基本策略，怎麼可能發展下一步的營銷活動？我常提醒我的客人，策略就是選擇，沒有選擇就沒有策略。賣給誰，有很多可能，年輕

的還是老的？試用者還是再度購買者？輕度使用者還是重度使用者？理性的消費者還是感性的消費者……，更遑論還有更多各種可能的市場切割方式所形成的市場區隔，例如以用途不同來區隔、以使用場景不同來區隔等，都會導致不同的選擇，衍生出不同的策略。

定位就是在最有意義、最相關的市場區隔裡選擇一個切入點。產品有很多的特點或利益，到底要選擇哪一個特點或利益點來切入？產品有很多用途或場景，要選擇哪一個用途或場景切入，才能產生有助銷售最大的月暈效果？定位就是選擇月暈效果的核心，只要主打某一點就能產生最大的連環效應，或是吸引最多消費者的聯想。

定位的作用是在幫助人們快速辨識這個產品是否符合他的需要，是否符合他的要求；定位能夠最有效率地讓人們注意到產品存在，以及辨識產品對他有沒有意義。換言之，就是藉由產品自我介紹，在人們腦海中強占一個記憶點，在人們心智擁有一個特別的位置。而這個心智的占領，讓產品在眾多選擇中能被快速找到，當你想

到一個類別需求，它是第一個跳出來的選擇。優先跳出腦海的好處，就是它被購買的機率最大，所以定位追求的是偏好度。偏好度就是我們為什麼選擇這個品牌而不是另一個產品，因為它的差異化特點與利益，定位的思考邏輯就是如何運用差異化來啟動消費者的購買欲望，來幫助人們有效率的選擇商品。

　　行業間流行著品牌定位一詞，但這對我而言是個忽攸的名詞，品牌定位應該就是產品定位，只是為了讓它聽起來更偉大，所以說成了品牌定位。「品牌」和「定位」應是兩個不同的世界，品牌針對的是全人類來訴求，定位則是要削尖它的消費族群，甚至濃縮到一個核心消費者的人群。定位是市場區隔的產物，怎麼能和品牌定義混為一談呢？什麼是品牌、品牌梳理的原理、品牌定義的基本元素，才是本章的重點，所以先從簡單介紹產品定位開始，來理解品牌的真諦。

品牌的目的是為了創造溢價

品牌應該屬於人類學的黑魔法，是針對人類而發展的行銷手法。從商業角度來說，為什麼要有品牌，其實只有一個單純的目的：就是溢價，所謂溢價就是相同的東西可以賣得比較貴。從人性來說，性價比越高的產品越受歡迎，人們當然爭先恐後購買，尤其在促銷時。然而，只有具備溢價能力的品牌，才能在促銷活動產生銷售爆發力，因為消費者心中有價值的產品變划算了，還不趁機大掃貨？至於品牌形象不好的產品，無論如何削價競爭，也沒有競爭力，溢價就是最好的競爭力。

要識別一個產品是否已經昇華為品牌，有兩個最實質的指標：溢價能力與鐵粉數量。一些行銷調研公司為了增加專業感，開發了新的品牌調研工具，從而發明了許多評估品牌的專有名詞，但我認為都不如檢驗一個產品的溢價是否比別人高更為精確有用。檢驗或評估一個產品的品牌力，另一個簡單的指數，就是品牌的鐵粉數量，**數量越高，品牌力越強**。所謂鐵粉，不是那些用促銷優惠或贈品等賄賂來的點讚率，那些是假粉絲，真正

的粉絲是會在你出事的時候，挺身而出為你說話，為你辯護。

為什麼會有溢價？明明就是相同的東西，你卻願意出比較高的價格來購買？為什麼會有鐵粉？明明你犯錯了，他還會為你辯護，這些不合理的背後只有一個道理：因為他對你偏心。人類就是會偏心，偏心是一種人性，偏心就像一見鍾情一樣，必然有合乎腦科學的解釋。

人之所以會一見鍾情，是因為在 15 歲之前，已在腦海中逐漸形成一個未來理想伴侶的畫像，包括他的聲音氣味、行為舉止等等的總合體。一旦有一天遇見某個人和他（或她）腦海中的畫像有 80％的重疊，就會情不自禁地愛上對方。如果男女同時發生相同的腦中畫像重疊，哇！那就是天生一對，彼此一見鍾情，於是戀愛就自然發生了。人類會偏心也是相同的道理，每個人無論如何理性公正，講求公平，但內心深處一定存在偏心的潛意識。

創造品牌偏心度

產品定位是處理偏好度，品牌定義是處理偏心度，這是販賣產品與創造品牌在原點上最大的不同。偏好度就「妳好美，我好喜歡妳」，換言之「如果不美，我就不會喜歡上妳」；正如產品定位，如果沒有真正差異化的利益點，消費者不會對產品產生偏好度。

品牌則相反，「明明妳不是我的菜，我卻不自覺得愛上妳」，這就是偏心，莫名其妙的偏心。產品要進化成品牌，不只偏好度，更重要的是創造偏心度。那品牌偏心度要如何創造出來？

關鍵就在我無意中發現的一個真理：人類只會愛上另一個人類！

人類不會愛上石頭，愛上一隻烏龜，甚至一個產品、一個機構。我們可能理性的選擇購買一個產品，接受一個機構，但必定有原因、有故事，絕對不會無緣無故。人類很容易愛上一隻狗或是一匹馬，像是有養寵物的人，

135

狗死掉時特別難過，因為對他們而言，寵物已經不只是一隻動物，而是家人。狗其實是穿著狗衣服的人，寵物主人已經將狗擬人化了。人類情不自禁愛上產品的原因也很類似，因為將產品擬人化了，於是產生感情，產生偏心，心中給予產品溢價而成為粉絲。

將產品透過擬人化，才能昇華成品牌，而品牌擬人化的過程則必須思考以下 4 個面向，這也是品牌梳理必須產出的項目：

- 結晶一個動人的品牌主張
- 擬定一個有利生意的品牌與人類的關係
- 塑造一個有益生意的品牌個性
- 創造差異化的風格與語氣

這些項目也正是我們對一個人的描述。介紹這個人的價值觀是什麼？他的個性如何，他的風格怎樣，他和我是怎樣的關係。我們打造一個品牌就是將之擬人化，讓品牌變得像人一樣有思想有觀點，像人一樣有個性有風格，像人一樣有行為，像人一樣有浪漫情懷，總之越

像人類越好。任何一個成功的品牌，無論是耐吉或蘋果，都擁有很明顯的人設。

結晶一個動人的品牌主張

主張，就是對生活的提案，品牌主張和品牌使命不同，這兩者很容易混淆不清。品牌使命通常是對公司內部指導的大方針，品牌主張則是代表品牌對社會現象的一個觀點，對生活的觀點，在這個生活提案背後有著品牌的態度與品牌的價值觀。

小米認為「要使世界上的人，無論貧窮富貴，都能享受科技的美好」，這個是小米的企業使命，不算是對廣大消費者的品牌主張。當小米的品牌主張是「現實之外，多一點天真」，藉由這個生活提案反而可以協助達成「讓窮人也能享受科技美好」的企業使命。

多數人可能會對小米的企業使命抱持不信任與懷疑，認為這是一句行銷目的的口號，而非真心擁抱的使

命。但是當我們將小米擬人化，小米是一個天真的少年，他主張「現實的生活中，應該多一點天真」，人們很容易接受這個主張，原來小米如此天真，他想要讓全世界的人都能享受科技的美好！於是品牌主張和企業使命相互呼應。

另外，人們也常將品牌故事這個名詞誤解成品牌歷史，描述著創辦人開創企業的小故事，例如匯源的創始者看見路邊的柑農，拚命吃著賣不完的橙子，賣不完的橙子最終還是丟棄了，很浪費。於是匯源的老闆出於善意，心想何不收購這些賣不完的橙子，榨成百分之百的新鮮橙汁，於是創辦了匯源這個品牌，專門販賣包裝橙汁。以上這是品牌歷史，不是品牌故事，我認為品牌故事，應該說的是品牌主張為何而生的故事，而不是創業的歷史。

品牌故事的結構，要從品牌是什麼說起（品牌真我），然後說明我這個品牌面對社會什麼樣的糾結（社會洞察），於是我提出了這個主張，這就是品牌主張如何產出的流程。舉小米的品牌故事為例：

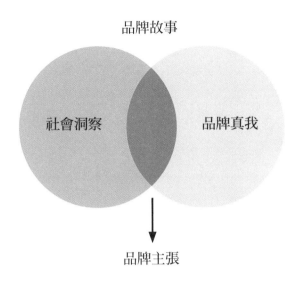

品牌故事

社會洞察　　品牌真我

品牌主張

小米品牌故事書

　　天真的工程師，總是天真的想改變世界，帶著一點偏執厚道，實現心中的夢想。

　　人生充滿了太多挑戰，人心叵測，世事無常，天真浪漫的傻勁總是吃虧受害，不能不精明、現實，否則在現代的殘酷社會很難生存。

　　小米卻認為人可以實際但不要現實，我們要認清事

實，但不必精於算計。

現實之外，若能夠多一點天真，我們的心胸就能打開一點，我們的心靈可以健康一點，我們的夢想可以更偉大一點……

人生也更開心！

所以小米相信，如果每個人在現實之外，多一點天真，世界就會更美好！

小米是個天真的人，面對現實殘酷社會提出多一點天真的主張。

之前提過的閃送，也相信人是善良的，面對彼此不信任的社會氛圍，提出相信人性本善的主張。名創優品（MINISO）則是是一個打抱不平的人，面對不公平的社會，提出了窮人也可以任性的主張。

做品牌梳理，要先擬定品牌真我——品牌最美好之處。品牌是怎麼樣的一個人，它面對不同的社會洞察（或人性洞悉）可能會有不同的主張與選擇，把和生意課題最相關的社會現象，化為對與對的選擇來表達，品牌主張踩在社會糾結一端，利用社會糾結來撬動一個品牌主張，這就是梳理品牌的方法論。至於如何結晶品牌真我、如何運用文化張力來撬動品牌主張，將在之後章節進一步說明。

阿桂師傅的提醒

產品定位是處理偏好度，品牌定義是處理偏心度。偏好度就「妳好美，我好喜歡妳」，換言之「如果不美，我就不會喜歡上妳」；正如產品定位，如果沒有真正差異化的利益點，消費者不會對產品產生偏好度。品牌則相反，「明明妳不是我的菜，我卻不自覺得愛上妳」，這就是偏心，莫名其妙的偏心。產品要進化成品牌，不只偏好度，更重要是創造偏心度。

My Reading Notes

09 品牌梳理黑魔法（下）

上一章說明了產品定位、品牌的目的在於創造溢價等基本概念，並以小米為例，簡述結晶品牌主張的重要性。接下來我將繼續討論如何運用擬人化手法，從不同維度進行品牌梳理。

擬定一個有利生意的品牌與人類的關係

為了要將產品擬人化，我們該思考：如果產品是一個人的話，他和消費者之間應該存在什麼樣的關係，可以有利於我們做生意。

我曾經做過兩個資本機構的品牌梳理的項目，一個是五源資本，他們偏向投資從零開始的創業者（如種子輪、天使輪階段），於是他們和創業者的關係是亦師亦

友，偏向老師指導學生的關係。另一家源碼資本，他們偏向投資剛剛萌生、已建立商業模式的企業家（如 A 輪融資階段），於是他們和企業家的關係是同學關係，一起成長！我也曾經考慮，A 輪為主的投資機構，擬人化後和企業家的關係是隊友關係，一起奮鬥達標，但是我偏向了同學關係，因為同學關係比較有「自己人」的感覺。

創投和創業者之間最大的矛盾點就是，總有一天創投必須要賣掉股分，投資才能有回報，和投資對象不可能永遠在一起，所以不會是自己人。品牌擬人化的策略，就是用關係的維度來讓人們的潛意識覺得創投方是自己人，而我偏向選擇同學關係，原因是「隊友，Team Work」的訴求在傳播世界已經太多了，所以選擇「同學」比較新鮮。說到底，這還是憑著經驗帶來的直覺，這種運用經驗帶來的直覺，才是顧問這個角色最值錢的地方。

擬定關係時，不一定非得是人與人之間的關係，也可以是人與物之間的關係，重點是品牌要扮演什麼樣的

角色，才能有利於產品的銷售。例如像 mini 這一類可愛小汽車，它和車主的關係是寵物與主人的關係，mini 扮演的是寵物，這種關係提供了一種親密感。

DR 是一個鑽石品牌，它的商業模式是男士一生只能訂製一枚，DR 主張一旦想清楚了就是一生一世唯一真愛，不會也不能改變，於是 DR 與消費者的關係是見證者，見證兩人世界一生一世永不改變。DR 的銷售主訴求，定位很清楚就是針對婚戒市場，求婚、結婚的當下，DR 扮演一個見證永恆的角色，因此男士一生只能訂製一枚，關係反映著 DR 差異化的商業模式。

I Do 也是個鑽石品牌，但它則往非婚戒市場開發新用途及購買場景，如週年紀念、成人禮等，於是 I Do 打造自己成為生活儀式，在所有生活儀式中，買鑽石是儀式感最隆重的，因此 I Do 與消費者關係是：I Do 等於一種儀式，用儀式來創造愛，在愛的世界裡如果來點儀式，愛會更濃郁更持久。儀式不只在於維護，還更進一步創造愛。正如宗教總是會用許多儀式活動來創造對神的敬畏，用儀式感可以創造愛的感覺，一點也不為過。儀式

就是 I Do 和消費者的關係。如果一定要有品牌定位的話，那麼品牌與消費大眾的關係也是一種定位。

塑造一個有益生意的品牌個性

將產品擬人化成品牌，就要賦予像人一樣的個性，迷人的品牌，有著迷人的個性。但是品牌的迷人個性如何而來？這就來自我們對人性的洞察，由此出發去設計有利品牌發展的個性，思考什麼樣的個性有利生意。例如，全聯超市的個性是老實，不只老實，而且過分老實，甚至自暴其短。我們會喜歡和一個憨厚的商人做生意，甚至你聰明他笨，這樣你的買賣就絕對不會受騙吃虧。老實，過分老實正是全聯的迷人個性。

咖啡有一個特別之處，咖啡一方面能提神醒腦，另一方面又可休閒放鬆，若想休閒放鬆，最佳場景則是獨享，所以左岸咖啡館的個性就被設計成孤僻的個性──孤獨享受，享受孤獨。

品牌個性是品牌化、擬人化重要的一環，是將策略轉化落地執行重要的橋樑。鮮明的品牌個性將引導出有差異性的風格與語氣。

創造差異化的風格與語氣

品牌的風格與語氣的關鍵詞是差異化。風格和語氣沒有好壞，只在乎是否足夠出眾，是否能夠長久不變。維持一致的品牌風格與語氣，是品牌落地最有效的方法，在一致之前，品牌風格必須先出眾，語氣必須不一樣。在我的經驗中，要讓風格語氣出眾且和別人不一樣，最好的方法就是要混搭一些現有的元素，創新就是現有元素的重新組合。

左岸咖啡館剛上市時，傳播就給人耳目一新，新鮮的感覺，風格來自視覺，語氣來自文字。左岸咖啡館的品牌影片，是一支又一支的現代單身東方女子旅行巴黎塞納河左岸的場景，黑白片配上古典樂，混搭了一個中西交流，今古融合的風格。文字的獨白則根據品牌孤獨

的個性寫成:「這是春天的最後一天,我在左岸咖啡館。」「下雨天,整個巴黎都是我的,我在左岸咖啡館。」「火車站,我為我自己送行,我在左岸咖啡館。」語氣貌似一個高中文學社團的女生文筆,一股年少不知愁卻強說愁的文字,整體風格與語氣結合不同元素,創造了視聽的新鮮感覺,讓人一見鍾情。

現在數位傳播當道,名人種草,網上直播,熱點炒作……,大眾傳播雖有價值但大勢已去。面對各種推陳出新的科技傳播,內容很難整合在同一個品牌主張之下,只有靠一致的品牌個性、品牌的風格與語氣來累積品牌資產。現在常見的現象是,同一個品牌在不同的接觸點、不同熱點被消費者看見聽見,然而風格語氣各有特色,宏觀整體卻雜亂無章。

我認為在現代的傳播環境,更要有紀律的定義好自己的風格語氣,堅持在不同的傳播內容保持一致的風格與語氣。在內容行銷上,名人要配合品牌的風格和語氣,熱點要配合品牌的風格和語氣,而不是品牌盲目追逐名人、熱點,配合其風格和語氣。絕大部分的品牌管理者

並沒有好好認真定義自己品牌的風格與語氣，所以也無法掌握品牌在各種接觸點的視聽表現。

　　品牌風格與語氣是品牌策略的一部分，不是開放給創意自由發揮的策略內容。以林清軒護膚保養品為例。當時他們想做品牌梳理，有一個主要的需求，林清軒定價比肩國際進口的保養品，因此希望我們找到解決方案。創造高級感，不能用品牌主張來解決，只能用品牌風格和語氣來施力。我的課題是怎麼樣的風格或語氣可以讓品牌有高級感？

　　林清軒的客群是女性，所以直覺就是從女人的角度來思考。林清軒賣的是保養品，提供美的終極利益，所以我們就先來探討女人美麗的事。我以前曾做過一個調研，找了 100 個美女的圖片並加以分類，有一類是美豔型的，有一類是貴婦型的，有一類是性感型，有一類是青春少女型……，最後一類是神秘感型。我問魔鏡：「誰是世界上最美的女人？」調研的結果是各有千秋，百分之十喜歡美豔，百分之十喜歡貴婦，百分之十喜歡性感……，依此類推到最後一個類別，竟然絕大部分人不

約而同地選擇「神秘美」為最美的女人。

神秘美的圖片有一個特色，就是臉部有一半是被黑影遮蓋了，受測試者用自己的想像，填補了看不見的容貌。世界上沒有比想像力更美好的事了，相同實驗也放在林清軒的調研中，只是換了一個題目：「那一張圖片最有高級感？」答案竟然不約而同，有神秘感的圖片最高級！

於是林清軒這個品牌在視覺風格是神秘感，每一張主視覺都是光影的巧思搭配，拍成光影遮著半張臉的形象，在文字語氣上則引用現代詩的語境來提高文字上的高級感。

至於風格與語氣的設計，是有策略可以思考的，雖然現在的作法多數仍然是由創意人員根據點子的需求，或在創意概念的引導下自由發揮，但是在未來，風格與語氣在建立品牌的過程越來越重要，所以我們要開始認真學習如何用風格與語氣來累積品牌資產，特別是在這裂變的傳播時代。

品牌要像人一樣，提供善意

　　善意來自非生意相關的活動，給人一種對人類友善的感覺，透過這種感覺，可以讓人們認為品牌就像人類一樣，關心人類。像是做一些公益活動，除了對企業聲譽有幫助，也間接為產品擬人化下了潛意識的功夫，間接提供產品溢價的能力。所以品牌做慈善事業，並非沒有回報，而是巧妙地透過品牌化的洗禮，達到增加營收的目的。

　　對人類提供善意，也可以是品牌策略的選項，做為一個品牌主張。源碼資本面對中國改革的浪潮，提倡均富的概念，我擔心資本家會不會成為被關注的行業，所以將資本劃分成好資本與壞資本，壞資本就是不擇手段，貪婪逐利的資本家；好資本則是對人類充滿善良善意，希望透過資源分配，將資源投注在對人類文明、社會福祉有貢獻的企業。

　　像是洗碗機解決人類無意義的勞動，讓人們將洗碗時間用在更有意義的事情上，這促進了人類的文明，讓

人可以成為更好的人類。源碼資本是個好資本，相信如果每個人都有「你好，我才好」的態度，這個世界就會更加美好！「你好，我才好」也是絕對政治正確的主張，希望在這個主張下保平安，避風險，這也算是藉由為人類付出提供善意達到品牌化，擬人化的目的。

阿桂師傅的提醒

在現代的傳播環境，更要有紀律的定義好品牌的風格語氣，堅持在不同的傳播內容保持一致的風格與語氣。在內容行銷上，名人要配合品牌的風格和語氣，熱點要配合品牌的風格和語氣，而不是品牌盲目追逐名人、熱點，配合其風格和語氣。面對各種推陳出新的科技傳播，只有靠一致的品牌的風格與語氣，才能累積品牌資產。

My Reading Notes

10 品牌梳理三部曲（上）：發現品牌 DNA

　　接下來將進入品牌梳理的重點，也可說是本書最最精華所在。為了幫助理解，我將以自己實際操盤的品牌梳理實例，來說明如何 1 發現品牌 DNA → 2 確定品牌真我→ 3 結晶品牌大理想，一步步完成梳理的任務。

如何發現品牌 DNA ？

　　想擬定一個有助銷售的品牌主張，首先要定義這個品牌是什麼？所謂品牌是什麼，指的是用一句話，精簡扼要地描述品牌最美好之處，而這個美好之處，或許是說明產品帶給人類的最終極利益點，也或許是提煉出品牌在精神層面帶給人類的最佳貢獻。

以克麗緹娜為例，它是一個擁有 4000 家分店的 SPA
美容連鎖品牌，透過利益階梯，可以快速推演出這個品
牌的價值：因為含有胺基酸成分，所以能防止老化，因
為阻止老化所以使人更美麗；女人有了美麗就覺得自信，
當女人有了自信才能自在地做自己。於是，讓女人能夠
自在做個女人，就是這個產品帶給人類的最終極利益，
也代表著克麗緹娜。

藉由利益階梯推演出的品牌真我來定義品牌，是條
捷徑，但正規作法應該是要先提煉品牌的 DNA，再透過
品牌 DNA 來描述品牌的最佳真我，這樣才能真正挖掘出
品牌的獨特性，找到品牌的定位，結晶出品牌大理想。

想找到品牌 DNA，基本上需要透過調研工作。調研
包括兩個面向，一個是品牌方的高階主管訪談，另一個
是消費者粉絲調研。前者是對品牌未來有影響力的人，
除了創辦人、合夥人、市場總監、品牌總監，也可能包含
銷售通路的負責人，甚至財務長及 IT 主管都有可能是對
品牌有影響力的人士，依不同組織的權力結構有所不同。
一般訪談 8 到 12 人的結果，可以結晶 6 組左右的 DNA。

至於消費者粉絲的調研，一定要針對產品的愛用者、品牌的粉絲，也就是鐵粉。真正的鐵粉就是那些當你出事時會挺身為你辯護的人，也只有品牌的粉絲才能告訴你所不知道、他們愛上品牌真正的理由和內心深處的潛意識。訪問 60 到 80 位粉絲大致可以獲得 6 至 7 個品牌的 DNA，並包括 18 至 21 個和 DNA 相關的關鍵詞。關鍵詞是凝結策略思考的最佳線索，有了關鍵詞做基礎，就可以幫助發想策略的原型。

如何表達品牌 DNA ？

品牌 DNA 的表達方式，是由一個核心關鍵詞配上 3 個副詞來形容該關鍵詞，加以組裝成一句有意義的話，這樣的聯想圖能讓人們輕易掌握核心 DNA 的意思，也能較容易描述出品牌 DNA。

以抖音為例。抖音的兩個核心關鍵 DNA 是「高效」與「好奇」，如右圖所示。

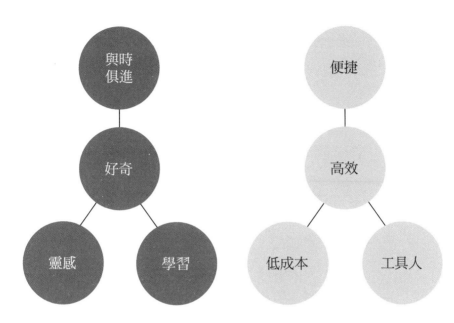

抖音的好奇是透過激發靈感，
讓人們可以與時俱進的學習

抖音的高效是便捷、
低成本的工具人

如果我們再將分別描述兩個核心關鍵詞「好奇」與「高效」的兩句話，強行融合成一句話，就變成「抖音是一個激發人們生活靈感的工具人」，這就成為抖音的定位。抖音不只是一個娛樂性的短視頻，抖音在心智層次的定位是：抖音是一個能激發生活靈感的工具。

　　剛開始，抖音曾經想把自己定位為一個全新的生活方式，一個未來的視頻化生活，但其實人們內心深處並不以為然。人們對於把時間浪費在手機上，有種深深的內疚感，因此不願活在抖音的世界裡，而是期待真真實實地活在真實世界，而不是手機上的虛擬生活。所以抖音若是定位自己與消費群眾的關係為一種生活，反而無法讓人們喜歡，並且可以感知抖音品牌的自大，萌生一種莫名其妙的厭惡。**所以越成功的品牌一定要懂得必須謙虛的道理，越成功的品牌越謙虛，就會越偉大。**

　　因此抖音不宜自大，最後還是將自己定位在一種工具，一個幫助人們過更美好生活的工具，而這個工具能激發人們生活上的靈感。這樣反而能讓人產生好感，增加偏愛。激發靈感是抖音品牌策略的關鍵字，也是抖音、

視頻搜索、視頻社交、視頻直播賣貨與視頻表達共同的終極利益點，透過抖音來搜索、社交、直播、表達，可以激發我們在生活上的靈感。

抖音是一個好工具，不是一個好生活！

找出品牌 DNA 的 4 個提問

在探索品牌 DNA 的過程，我通常會問品牌方 4 個問題，這 4 個問題非常簡單，非常基本，對於整日沉浸在產品販賣，長期思考品牌操作的品牌方而言，絕對可以答得出來，只是平常沒有這個思維，或是偶爾一閃而過，從來沒有好好地深深地仔細想過，因此最基本的問題也可能是最難的問題。

這 4 個問題是：

1. 如果 XXX（品牌名稱）是您的小孩，您會希望他長大後成為一個什麼樣的人？（提示：人格特質，個性，例如有頭腦的紳士）

這個題目是個暖身題，是個自由聯想的題目，任何人都有自己的幻想人設，所以很容易答，但也有不少人想著想著就想成對自己親生小孩的期待，這樣就離題了。打造品牌宛如親生，即使如此，每個小孩都有不同的個性與特質，必須量身定制，而不是用一般養兒育女的生活價值觀來回答這個問題。

小米的雷軍對這題的回答是：一個奔向陽光的少年，這個答案就引導出後來小米核心的 DNA——天真，所以有時候最簡單的第一題就能輕而易舉地找到品牌的真諦。

2. XXX 和「別人」最大的不同是什麼？

這個題目也是再基本不過了，卻是最難的題目。因為此刻的競爭市場內，很難在產品上找到差異化特點，這題的關鍵在於定義所謂的「別人」是誰？

鑽石品牌 DR 的直接競爭者是 I Do，簡一大理磁磚的間接競爭者是真正的大理石。這個和別人最大的不同可以有許多不同面向，像是：

- 商業模式的不同：像是 DR 的鑽石，男士一生只能訂製一枚，綁定身分證不能再購。
- 消費族群的特色：像是快手的消費群在三、四線城鎮特別強大，內容有著純樸的土味是快手的特色。抖音在視頻的視覺美學做的特別完美，內容充滿有趣的娛樂。
- 個性上的差異：像是轉轉二手平台的老實憨厚個性有別於閒魚的商人本色。
- 產品的差異化特點：像是林清軒護膚產品的成分都來自稀有的山茶花萃取而成。

3. 您認為 XXX 與人們的關係像什麼？（提示：朋友？情人？師徒，主人與寵物⋯⋯）

與人們的關係這題，要思考的是品牌要與消費者形成怎麼樣的關係，最有利於我們做生意。例如，我們想開一間英文補習班，先要有一個人性洞察：人們為什麼

163

會花錢去上英文補習班，主要是因為擔心自己毅力不足、耐心不夠，所以花錢請人逼迫我們上進，學好英文。因為這個洞察，這個補習班品牌該扮演的角色就是一位嚴格的父親，教導偷懶孩子學好英文。父親越嚴厲，消費者的滿意度反而越高，這時把品牌與人們的關係定位在父子關係，將有利生意的發展。

另外，全聯福利中心在品牌角色上扮演一個過分老實的商人，一個比消費者愚笨的人物。因為誰都喜歡和一個比自己笨又容易吃虧的人打交道，我們不願意遇到一個精明能幹的店老闆，因為我們不想被占便宜，甚至想占老闆的便宜。品牌和消費者之間的關係不是順其自然，而是由我們精緻設計而來。如何設計品牌與人們之間的關係來有助生意的發展，是品牌策略重要的一環。

4. XXX 最重要的 DNA 是什麼？（提示：如果沒有這個，就不是 XXX）

這個題目是前面 3 個問題的總結，也是最重要的問題。DNA 是品牌的核心要素，一個品牌不會只有一個 DNA，可能會有 4、50 個大大小小的 DNA，只是在這些

DNA 中哪一個才是永恆不變的？一定要找出它，雖然這是一個痛苦選擇的過程。

我觀察，很多人想讓品牌的 DNA 能兼容所有，於是 DNA 的描述就會變成類似美好、精彩、快樂等這些沒有指向性的字眼。品牌 DNA 不是要追求包容性，而是要追求指向性，品牌 DNA 必須是尖銳而有共鳴的，像是——

- 快手的 DNA 是博愛平等，快手放棄平等的價值就不是快手。
- 抖音的 DNA 是有趣，哪一天抖音失去了娛樂性就不是抖音。
- 簡一大理石的 DNA 是匠心，簡一若失去了匠心精神就不是簡一。
- 名創優品的 DNA 是任性，名創優品若失去讓人任性的能力，就失去品牌的價值。
- 閃送的 DNA 是善良，閃送若不再善良就不是閃送。
- 58 同城的 DNA 是歸屬感，58 同城若失去給人歸屬感的能力，就是失敗的 58 同城。

165

DNA 就是品牌的關鍵詞，每一個品牌背後都有一個永恆不變的關鍵詞，等待我們挖掘而出。這個關鍵詞必須從品牌的過去、品牌的核心內容去尋找，而不是一個刻意新創一個名詞。我的品牌原理是，如何找到一個永恆不變的元素，而不是去創造一個未來演進的座標詞。

阿桂師傅的提醒

很多人想讓品牌的 *DNA* 能兼容所有，於是 *DNA* 的描述就會變成類似美好、精彩、快樂等這些沒有指向性的字眼。品牌 *DNA* 不是要追求包容性，而是要追求指向性，品牌 *DNA* 必須是尖銳而有共鳴的。*DNA* 就是品牌的關鍵詞，每一個品牌背後都有一個永恆不變的關鍵詞，等待我們挖掘而出。

11 品牌梳理三部曲（中）：確定品牌真我

上一章我舉實例說明，如何透過精準而深度的提問，訪談品牌高層與死忠粉絲。經過以上足夠人數的調研之後，一般可以收集到這個品牌約 50 ～ 60 個 DNA，這些關鍵詞可以視為品牌的字典書。將來在傳播活動上，可以運用此品牌字典書中的文字來表達品牌故事。這是第一部曲：發現品牌 DNA。

完整收錄品牌 DNA 後，接下來我們要從這 50 ～ 60 個 DNA，精挑細選 3 個核心 DNA，進行品牌梳理二部曲：確定品牌真我。

以下舉「方特遊樂園」與「名創優品」為例。

案例：方特的品牌真我

　　方特是世界第五大的遊樂園集團，在中國二、三線城市共有 24 個主題樂園，分布在蕪湖、寧波、廈門、南寧等各地，透過調研我們收集了方特 50 個品牌的DNA：

　　創造力／回味／好奇／玩心／快樂／忘我／刺激／放鬆／民族情感／多元／融合／中華文化／歡樂／自在／從容／同歡／一起玩／交流／老少皆宜／增進情感／活力／驚喜／年輕／突破／進化／溫度／陪伴／合家歡／啟發／學習／文化／身心投入／感染力／創新／專注／與時俱進／想像力／融合／斜槓／故事／親近／新奇／盡興／豐富／回憶／真實／感動／帶入感／東方／科技

　　這麼多的關鍵詞，哪些是最核心而本質的 DNA，可以結晶出「品牌真我」呢？哪些是次要的形容詞、副詞，用以協助詮釋前者，並可暫放入品牌字典，傳播活動有需要時再提取運用呢？誇張一點說，這個「沙中取金」的選擇過程，就是資深品牌顧問的價值，一種憑著多年

經驗累積而成的直覺，會讓我們在看到、聽到最核心的 DNA 時，腦海中「A-ha!」一閃，彷彿茫茫深夜航行大海，忽然看到燈塔的亮光閃動。

自以上數十個關鍵詞中，我們判斷出「創新」、「一起玩」、「歡樂」是方特品牌最重要的 3 個 DNA（如右頁圖），這 3 個關鍵詞的定義分別是：

創新是我們與眾不同的核心，一起玩是我們品牌的願景，歡樂是我們帶給世界最重要的產物。

這 3 個品牌 DNA 的融合，提煉出方特最美好之處，那就是透過創新打造能一起玩的歡樂時光，這是我們帶給人類最美好的貢獻！

走進方特，新穎的科技設施和親切熱情的服務，讓人自然而然放下生活的煩惱，自在從容的與重要的人一起玩樂。

創新	一起玩	歡樂
結合科技與文化帶來與時俱進，身歷其境的體驗	在這裡不分男女老少不分你我可以自然交流彼此的情感	全心投入，盡情忘我激盪出互相感染的歡樂

案例：名創優品的品牌真我

同樣是帶來歡樂的名創優品，卻有不同的品牌真我，方特的歡樂是在一起玩的快樂，名創優品的歡樂則是放任自己的快樂。

「優質低價」，「隨心所欲」，「歡樂」是名創優品品牌的 3 個 DNA，3 個關鍵詞的定義分別是：

名創優品以「優質低價」讓人「隨心所欲」地享受「歡樂」。

「優質低價」是我們打造產品永恆的目標。

「隨心所欲」是我們希望給人們在購物的心情。

「歡樂」是我們提供消費者在購物上的終極利益。

名創優品不只是個購物場所，更是個淘物的樂園，讓人自在舒服，驚喜歡樂！

優質低價

以親民的價格，就能買到實在，高品質的產品

隨心所欲

是讓人感到包容，舒服盡興的自由

歡樂

開放，自在的感受讓人沈浸在充滿趣味的氛圍

我觀察許多品牌梳理常常只梳理到這裡：品牌真我，然後大部分的傳播就直接從這裡展開。其實，這不是品牌梳理的終點，只是一半的半成品，接下來更重要的，是要找到撬動品牌真我的人性洞察或社會糾結，才能往品牌梳理的終點：品牌主張或品牌的大理想前進。

阿桂師傅的提醒

　　經過調研而來的眾多關鍵詞，哪些是最核心而本質的 *DNA*，可以結晶出「品牌真我」呢？哪些是次要的形容詞、副詞，用以協助詮釋前者，並可暫放入品牌字典，有需要時再提取運用呢？誇張一點說，這個「沙中取金」的選擇過程，就是資深品牌顧問的價值，一種憑著多年經驗累積而成的直覺，會讓我們在看到、聽到最核心的 *DNA* 時，腦海中「*A-ha!*」一閃，彷彿茫茫深夜航行大海，忽然看到燈塔的亮光閃動。

12 品牌梳理三部曲（下）：
結晶品牌大理想

當我們定義了品牌是什麼，從品牌 DNA 找到品牌真我，接著便要根據這個定義，去探索可以用來撬動品牌真我的人性洞察或社會糾結，這個人性洞察或社會糾結屬於品牌層次的洞察，我們藉此進一步發展一個能激發討論，引人省思的品牌主張（與其說是個主張，不如說是一個生活提案）。

如何找到可以撬動品牌的文化張力呢？

好的問題才能找到好的答案，我通常會以下面 4 個問題來找到文化張力的線索。

從人類學的角度，尋找生意上的課題是什麼？

我特別要強調，品牌是在解決生意課題的層次，必須是從人類學的角度來演繹，而不是一般的銷售問題，或是品牌老化，品牌沒有高級感溢價不足⋯⋯，這些角度在我看來都是偽命題。

以閃送為例，它的生意課題是「點對點專人直送」的同城快遞，從人類學的角度來看，就是要克服人性中對陌生人的不信任。

閃送的使用場景總是在一個關鍵時刻，要把一個重要的東西，交給一個完全不認識的陌生人。例如，我在機場才發現護照沒帶，我若回家去取，來回車程漫長，飛機早就起飛，不可能趕上。這時我用閃送 APP 在住家附近找了一個閃送員，飛奔到我家拿了護照送到機場給我。閃送快遞的東西都是重要文件，如身分證、房產證、合約，或是貴重的商品，如鑽石、珠寶等，而這些東西都要交一個陌生人。

大家普遍對陌生人不信任，我在公車站看見一個老婦人跌倒了，想要出手攙扶她，身旁的人卻拉住我，要我小心是個騙局。從人類學的角度，這種「對陌生人的不信任」就是閃送品牌在生意上最大的課題。

另一個例子「簡一大理石磁磚」。從人類學的角度，它的生意課題是「假貨永遠沒有真貨好」的「成見與偏見」。簡一大理石磁磚的假想敵是天然大理石，而人類的認知是天然的一定比人工的更好。簡一大理石磁磚在人們心目中就是個假貨，假貨不好，真貨才好，正是簡一品牌從人類學角度所遇到的生意課題。

所在行業的制高點是什麼？

什麼是制高點？這是一個很抽象但卻很明確的心理狀態，是人們對這個品牌所在商品類別中，潛意識上的情感寄託。這很難解釋，必須靠「悟」出來，但卻很能引發消費者共鳴。飲料類別中的可口可樂，效能是清涼解渴，它的制高點是歡樂（Happiness）。手機的話，過去主要用處

在連繫，打電話、寫簡訊，所以過去手機的制高點是連結
（Connecting）；現代的手機，不只連結人與人，人們用
手機支付，下單股票，搜索資訊，健康碼通行等，出門若
忘了帶手機就渾身不對勁，魂不守舍，好像身體的一部分
沒帶出來，所以現代手機的制高點是「存在感」。

超市的制高點是安全感，試想如果世界大戰爆發，
你會希望你家地下室是什麼？絕對不是一間 LV 或香奈兒
精品店，反而希望是一個大超市，生存就會沒有問題，
這就是一種安全感。安全感正是超市在人類潛意識裡的
制高點。

要撬動人性的哪個點，才會有利於生意？

美容保養商品要撬動的是愛情，只有對愛情有憧憬
的人才會對美容有所需求，那些認為男人不可靠女人當
自強的女人，沒有真正想要美容的動機。許多女性號稱
美容是為自己，美容讓自己感覺良好，在潛意識中仍對
愛情有所憧憬。即使是一定年紀的婦女，若她仍想享受

別人對其外表的關注眼光，都會是美容商品的愛用者。所以我們要利用愛情的力量，傳播愛情的故事。至於彩妝商品，則是撬動女人喜歡「偽裝」的天性。

目前社會上，什麼價值觀有利於生意？

我在「舍得白酒」的品牌梳理過程中，學習到人們壓力越大的時候，越有利於白酒的生意。當人們心裡要的越多，一間房子不夠，要兩棟房子；一輛汽車不足要兩輛汽車；一個名牌包不夠要兩個包……。人類的欲望越高、要的越多，壓力就越大，壓力大就要喝白酒，舍得的品牌主張就是要解放人們的壓力，當你「會捨才會得——舍得」壓力就消失了。

「滙源果汁」的生意來源是開拓早餐市場。如果人們像喝牛奶一樣，每天早上喝一杯純果汁，它的市場可以立即成長 3 倍，而且只有對生活品質和健康有要求的人才願意改變習慣，在早餐喝純果汁，所以人們對生活越有要求，越有利純果汁的銷售。

根據以上問題的探討，我們可以總結出幾個文化張力的假設。文化張力就是人性的洞察與社會價值的糾結，我們要找到一組一組具有爭議的議題，品牌主張要建立在這些具有爭議的議題上，才會有被討論的價值，才能自然而然成為人們關注的生活議題。一個品牌主張在推出時若能引發人們討論，或是啟發內心反省，就是一個非常有影響力的品牌主張。

案例：克麗緹娜的文化撬動點

　　針對美容的制高點愛情，我們追問愛情可不可靠？有人說愛情只是人類某種荷爾蒙持續兩年的作用，激情過後若是愛情沒了昇華成親情，彼此的關係就會逐漸淡化，所以愛情不可靠。也有人說只要遇到真愛，就可以維持一生一世，只要在真愛的人旁邊，無論貧窮富貴，都會覺得幸福。所以愛情值不值得相信？有著「對與對」的選擇。克麗緹娜，美容 SPA 的連鎖品牌運用人們對愛情的糾結，提出了一個品牌主張：即使愛情不可靠，女人也要勇敢愛！轟轟烈烈地愛過一場，有助於成就一個完整的豐富人生。

案例：抖音的文化撬動點

抖音在品牌上遇到最大的課題是，長期刷抖音會產生一種淡淡的內疚感。抖音有 6 億用戶，平均每日在抖音花費 90 分鐘，愛用者平均每日耗在抖音 5 ～ 6 小時。原來用來打發時間的抖音，因為內容有趣新奇，常使人流連忘返，耽誤了原來的生活計畫，少了睡眠、少了運動、少了讀書學習，少了打掃衛生……。虛擬的手機世界侵蝕了真實的世界，一個有嗅覺、有溫度也有殘酷的真實生活！

抖音品牌要探討的文化張力就是：

生活的美好到底是來自廣度的虛擬連結？還是深度的親身體驗？站在抖音立場，貌似應該站在廣度的虛擬連結來強化品牌的存在價值。生活的美好來自廣度虛擬連結可以有堅強的論述：透過廣度虛擬連結，能夠突破個人的生活場景，去感受自己沒辦法親身經歷的事，還能有效率收集更豐富多元的資訊，時時與世界保持同步。另外，也可以將個人的所見、所聞、所感，所想和更多

人分享,獲得更多共鳴與互動。

然而,如果是站在相對的立場,生活的美好應該來自深度的親身體驗呢?因為聽說、想像,都不如親身經歷來的真實,因為深刻的體會只有來自真實世界,才能有真實的感官體驗,有嗅覺、有觸覺、有眼神、有溫度的感知。唯有深刻的體驗才能探索完全的真理,找到真正的生活熱情與愛。

抖音是個強大的商品,是個成功的企業,越偉大的品牌越要謙虛一點,才能讓人更加喜愛。所以如果抖音身在虛擬世界,卻鼓勵人們追求真實生活的美好,將品牌和人們的關係,建立在幫助人們在真實世界更認真快樂的生活,這會讓抖音品牌更大器、更有魅力。就像以前 Nokia 是個科技公司,卻標榜著「科技始終來自人性」,人是第一,科技第二。只有第一品牌做這樣的事才不會讓人覺得矯情。抖音提出的主張是:抖音相信,如果每個人用靈感讓真實世界更精彩,這個世界會更美好。抖音對人類最美好的貢獻,是激發人們在生活上的靈感,「靈感」是屬於抖音最美妙的關鍵詞,為人類提

供靈感讓抖音不只有趣，而且有用。

案例：林清軒護膚保養品的文化撬動點

　　林清軒，一個用稀有山茶花提煉的護膚系列。山茶花潤膚油是它的明星商品，因為稀有山茶花的成分能修復肌膚，使用過程給人身心靈的療癒，讓肌膚變得有光彩，讓女人年輕美麗。女人因為年輕美麗而有自信，因為自信帶來優越感與安全感，這幾乎是所有美容保養品說故事萬變不離其宗的套路。如何從這個萬用的利益階梯跳出來，發揚一個新的主張，就要回到林清軒原來的一句品牌 slogan：林清軒，肌膚發光的秘密。肌膚發光是健康美麗肌膚的最佳明證，是一切年輕美麗的最佳表徵，也是林清軒產品帶來的終極利益。

　　「發光」是林清軒品牌最核心的關鍵詞，若是我們要升級品牌的層次為價值觀，而不只是產品利益點，在人們有了美麗的自信之後，我們要問的議題是：做人要讓自己發光？還是要讓別人發光？

　　贊同自己發光的人認為凡事先己後人，照顧好自己

才不會成為他人的負擔，點亮自己的潛能充實自己的實力，全心全力讓自己成為宇宙的中心，做人應該從愛自己開始，讓自己成為美麗眩目的發光體，這才是生命的意義。

然而，站在對立面的論述是，做人要讓別人發光，因為最有魅力的人，必定是最有感染力與影響力的人。這些人除了讓自己發光，還有能力讓別人發光，當別人的光彩反射到自己身上，能讓自己更加光彩。利他是最高境界的利己，除了愛自己，更要去愛別人，讓別人發光就是讓自己成為更好的自己，這才是生命的意義。

林清軒選擇「要讓別人發光」成為品牌主張的主訴求，因為太多太多的美膚保養品，甚至任何女性商品的主訴求都是提倡女人要讓自己發光、勇敢、堅韌，充滿自信的風采。林清軒將「發光」這個品牌 DNA 發揮到極致，不只點亮自己還要照亮別人，這才叫做品牌升級。所謂品牌升級就是讓品牌主張有更高的境界，在產品擬人化的過程中，讓品牌主張擁有一個偉大人物的志向與願望。

阿桂師傅的提醒

　　文化張力就是人性的洞察與社會價值的糾結，我們要找到一組一組具有爭議的議題，品牌主張要建立在這些具有爭議的議題上，才會有被討論的價值，才能自然而然成為人們關注的生活議題。一個品牌主張在推出時若能引發人們討論，或是啟發內心反省，這就便是一個非常有影響力的品牌主張。

My Reading Notes

13 品牌梳理實例篇

首先簡單複習一下品牌梳理的三部曲：

先找到品牌 DNA 是什麼，這是一個定位，描述著品牌與人們的關係；這也是一個品牌的美好之處，品牌提供了哪些對世界的貢獻。然後從品牌 DNA 找到「品牌真我」，根據「品牌真我」來探索，撬動品牌的人性糾結或社會矛盾（稱之文化張力）有哪些，進一步讓品牌的定位與美好（品牌真我）結晶出更有感覺，更動人的說法。最後，藉著黑魔法跳想出一句生活提案，稱之品牌大理想或品牌主張。

品牌梳理的最後結果會是一段文字、一段詩詞，或是一段故事，將品牌主張的前因後果，說明白講透徹，而不是 100 頁的 PPT 湊集一些不相關，無法聚焦的文件。品牌梳理是化繁為簡，純釀品牌主張的過程。

以上全部的內容，就是品牌故事。品牌故事描述的不是品牌的歷史與使命，品牌故事描述的是品牌的核心價值是從何而來，根據此核心價值，品牌對廣大人民群眾提出了什麼有意義的主張？而這個主張的推動，將會幫助我們的生意，並促進消費者對品牌的喜愛與偏心。

　　做為品牌梳理的最終章，我再舉 4 個實例，包括前面曾提過的方特與名創優品完整的品牌故事書，做為參考及總結。

案例：台灣高鐵 Be There

　　台灣高鐵，是我的經典案例。高鐵最美好之處，也是高鐵的終極利益點，在於將乘客準時快速地送達目的地——快速到達。高鐵的造價很高，如果依當時人們出行的總次數，即使將所有航空飛行、長途巴士，鐵路的旅客全部轉為搭乘高鐵，高鐵將依然虧本。所以高鐵必須要創造更多人們出行的動機與行動，才能轉虧為盈（課題所在）。現代科技提供許多人們不需要旅行就可以完

成溝通目的的工具，高鐵所在的制高點是溝通，高鐵不只是交通工具，而是個溝通的行業（洞察）。

高鐵所面對的是虛擬溝通的世界，因此高鐵不贊成電視轉播，若要看球賽就要親臨現場，去體驗所喜愛隊伍輸贏的高興與悲痛；高鐵也不喜歡記錄演唱的 DVD，認為聽歌就要即時實地參加演唱會，在搖滾區吶喊，聞到偶像的香汗；高鐵也歧視手機上的表情符號，高鐵認為就要貼身擁抱感受母親的體溫；高鐵甚至反對線上援交，要做就做愛的事，必須找個酒店真實地做一場，因此高鐵主張真實接觸無法取代。

案例：天真的小米

小米是一群天真的工程師，總是天真的想改變世界，帶著一點偏執厚道，實現心中的夢想。

人生充滿了太多的挑戰，人心叵測，世事無常，天真爛漫的傻勁總是吃虧受害。人不能不精明，不現實，

否則在這現代的殘酷社會很難生存。

　　小米則認為人可以實際，但不要現實；我們要認清事實但不必精於算計。

　　現實之外，若能夠多一點天真，我們的心胸就能打開一點，我們的心靈可以健康一點，我們的夢想可以更偉大一點……。

　　人生也更開心！

　　所以小米相信：如果每個人在現實之外，多一點天真，世界就會更美好！

　　小米天真的主張給小米「讓全球每個人都能享受科技帶來的美好生活」的企業使命，一個合理的解釋，就是因為小米天真的性格，才會有如此無私利他的偉大使命，而不是一個行銷上的話術，用來說服人們相信小米的物美價廉。小米產品的售價這麼低，並不是便宜沒好貨，而是小米天真地給自己一個不討好的社會使命，

這個初衷不是小米後天的價值觀，而是來自小米天生的 DNA。雷軍就是一個天真的人物！

案例：方特品牌故事書

品牌真我：方特透過創新打造能一起玩的歡樂時光。

品牌制高點：歡樂是我們最終的目的，但，讓人們在一起玩，則是我們與眾不同的歡樂方式。

在樂園的場景中，人們的角色將自然改變，父母不再是管教的角色，長官沒有指導的責任。人與人之間的關係，不再是上對下或下對上，而是玩伴的角色。在這裡年長者變年輕了，年幼的變成熟了，年齡、個性、喜好的不同，不再是隔閡，大家成為了同溫層，在一起，在玩樂！

因此，當人們越嚮往一起玩，就越有利於我們做生意。

品牌價值觀：現代科技進步，讓人們越來越不必依靠群居而生活；人們越來越能夠獨自生活，包括獨自享樂。方特對這樣的趨勢很不以為然，方特認為人類應該回歸群體的動物，方特的價值觀是：人類最大幸福來自人類之間的親密關係，而在一起玩正是促進人與人之間親密最有效的方法，因為在一起玩可以放大歡樂的層次與程度。

品牌主張：方特相信快樂的最大值是與玩伴一起玩的快樂。只有與玩伴一起真實體驗，感染彼此的開心，才能達到快樂的最大值，因此方特主張，我們都該成為彼此的玩伴，一起經歷每個快樂當下。

品牌大理想：於是方特相信：如果我們能成為彼此的玩伴，世界會更美好。

案例：名創優品品牌故事書

品牌真我：名創優品以優質低價讓人隨心所欲地享

受歡樂。

品牌初衷：名創優品的存在，在於為背負著經濟重擔的年輕人創造購物的自由。難道沒錢就不能過好日子嗎？難道沒錢就不能享受購物樂趣嗎？不！我們相信，隨心所欲的好生活屬於每一個人，與價格無關！

品牌挑戰：在市面上的商品只有兩種，品質好而昂貴；或者，便宜但劣質的。名創優品就是要挑戰這種常規，向人們證明便宜也可以有好貨。

品牌制高點：名創優品相信，人類真正的快樂，是自由自在，隨心所欲。我們的商品與店面，就是能讓人感到自在由我的歡樂所在。你不用考慮價格，不須在兩難中選擇。

只要喜歡，通通帶走。

品牌價值觀：任性，是人類的天性。名創優品合乎

人性，讓人能真正忠於自己。我們拒絕無理的壓抑，支持合理的釋放。反對自己設立規則，鼓勵拆除死板的框架，我們相信：美好的生活與價格無關！

品牌主張：每個人都該任性。因為任性才能自在地做自己，任性才能隨心所欲地享受歡樂。

品牌大理想：名創優品相信，如果每個人都能撒點野，世界會更美好！

阿桂師傅的提醒

　　品牌梳理的最後結果會是一段文字、一段詩詞，或是一段故事，將品牌主張的前因後果，說明白講透徹，而不是 100 頁的 *PPT* 湊集一些不相關，無法聚焦的文件。品牌梳理是化繁為簡，純釀品牌主張的過程。品牌主張的推動，將會幫助我們的生意，並促進消費者對品牌的喜愛與偏心。

My Reading Notes

第三套絕活

打造品牌團隊

---

14 關於優秀創意的幾件事

創造力，是團隊合作的結晶

創意靈感不會從天而降，你必須向它打個招呼！

我們這行的創造力，是一個團隊合作的結晶，是一個集體創作的結果，這個團隊包括：業務、企劃、創意與製作四種人，其中業務及企劃負責傳播訊息要說什麼（What to say），創意與製作則是負責傳播訊息要怎麼說（How to say）。

這四種人的關係是一種既分工生產，但又環環相扣的密切合作。

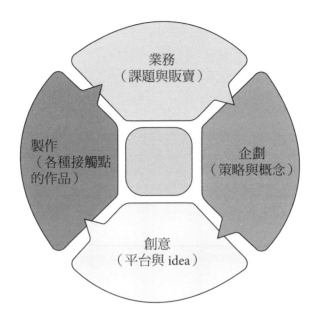

業務

　　業務必須努力地挖掘，靈光地找到要傳播的課題，藉此啟動創作的程序，並且對創意有獨具的鑑賞力，同時對如何販賣創意作品有強大的能力。是的，我認為業務應該負責販賣創意作品，否則為什麼叫做「業務」？業務就是賣產品的啊！而我們這行的最終產品就是創意作品。只有業務負責販賣創意，他才會關心創意人員，關注創意過程，關切創意產出，也唯有對創意充滿熱愛

的業務，才會是我們這行傑出的業務。

企劃

企劃是充滿機靈妙計的軍師，除了懂得各種策略的方法，還要有新鮮的洞察力，產生解決課題的創新想法。企劃要生產的是創意概念，透過創意概念，來做為向創意人員簡報的交棒點。

創意人員與製作

創意人員的本質就是要生產創意，沒有創意的作品不需要創意人員，一個沒有創意的創意人員是假創意。創意製作也必須有創造的能力，包括如何在有限的預算之內製造出偉大的作品，如何在有限時間之內生產更多的作品。

是否有創意能力，是檢驗這行業每個兵種一致的最高標準。

另外，一家創意公司的辦公環境也非常重要。濃厚的品味與適當的隱私，有助人類發想創意，像當下流行

的 open office 根本都是財務考量，其實有害創意潛意識的運作。還有要提供一個不官僚，沒政治的組織氣候，也能有助於四種人才發揮！

創意是團隊的核心

以上四種人中，創意可說是我們這行的核心。如同一部汽車每一個零件都很重要，沒有輪胎就無法行駛、沒有方向盤就沒有方向、沒有車燈，夜晚行駛非常危險，甚至雨刷也很重要，沒有雨刷，下雨天很不安全……。但我們都知道，一部汽車的心臟就是它的引擎，引擎是汽車最重要、最珍貴的部分，創意就像是團隊裡的引擎，也是我們這行最珍貴的資源。一家廣告公司創意的好壞決定了這家公司在市場上的行情，如果你希望自己的廣告公司脫離和一般同行的價格競爭，唯一的手段就是搞好你的創意部門，讓你公司的創意水準出眾不凡。客戶只會為創意付出高價，因為創意是他們最不明白與最不擅長的環結，也是他們永遠無法取代的東西。

對一家廣告公司來說，首先，也是最重要的，就是找到真正傑出的創意人才。傑出的創意人才非常稀有而且難以保養，我過去的創意夥伴，前奧美北京的執行創意總監劉繼武曾說：

　　「創意人員好壞的分布圖就像是美國帝國大廈的造型一樣，主體的大部分都是『偽創意』人員，直到最上端開始削尖的部分才開始是真正具有創意才情的人，而且越優秀就越稀少，真正的創意天才的數量就只是那根避雷針，寥寥無幾。真正的創意人員是天生的，不是後天培育出來的，再多培訓也無法養成才情。一個有才情的創意人經過專業的磨練將會大放光彩，創造影響人心，改變世界的偉大作品，但一個偽裝的創意人無論如何磨練，永遠只是一個明白創意套路的普通人。」

　　如果你是一個鑽石礦，經過專業切工的鑿磨，將會成為一顆價值連城的鑽石；如果你是一顆石頭，那麼再怎麼切割鑿磨，永遠只是一個長的很像鑽石的石頭罷了。這聽起來很殘忍，但卻是一個殘酷的事實。

若想要在業界屹立，成為永遠創意第一的組織，對旗下的創意人應該最包容、最珍惜、最寶貝，但同時也必須最殘酷，因為失去創造力是絕對不可容忍的事。對充滿創造力的創意人我們不僅要給予最好的待遇，還要對他們完全的愛與信任，但對失去創意能力的人，我們必須考慮新陳代謝。

創意有殘酷的年限

　　但對創意人來說，有一個很殘酷的事實，那就是即使再有才情的創意人才都有他的年限，最好的創意人年分就是他 35 歲到 45 歲之間的歲月。年輕的時候需要切割磨練對創意的直覺，年長的時候卻因為經驗豐富而失去原生創作的能力。就像世上所有歌手一樣，能永保長青的非常稀少，到了一定歲月即使仍閃著才華餘光，都不如年輕時代的成名作。保養創意能量的最好方法是體驗多采多姿的豐富人生，但是當他連戰皆捷成名為「紅牌」之後，慕名而來或委以重任的工作量，卻可能讓他無法再繼續認真生活，以及細膩感知人生。但唯有認真

生活才能提供足夠的生活素材釀造創意作品，創意人一定要謹記這件事。

如果你沒有在失去原生創作能力之前踏上創意管理之位，那麼，你對組織的價值坦白說已經有限，組織應該不太需要你了，因為你既無法生產果子，也不會採果子。如果已經踏上創意管理人才之位，雖然已經無法再有精彩的原生創作，但也可以成為一個很有能力優化別人想法的創意人。至於那些只懂鑑賞創意或藉由權力來評審創意好壞，只做所謂「品管」的，則是二流的創意管理者。那些包容二流創意的組織，都勢必沒落，成為歷史上的流星。

有一次，我在艾菲頒獎典禮，遇到一位甲方來的評審，坐在我旁邊，她說：「你們這行的創意人都是有年限的，真的是壓力很大！」確實如此，多年和創意人共事累積的經驗，讓我能夠迅速辨識一個創意是否在走下坡路，或者仍在上坡的成長狀態。凡是那種我必須小心翼翼地回答我對他們創意提案的反饋，以免傷了對方的心，這種非常玻璃心的創意人員絕對是在走下坡退步中；

而那種正在上坡的創意人員即使提案沒通過也不會沮喪，他會充滿激情，努力瞭解客戶的需求，對焦修正提案的方向，隨時再開始！

一流創意人的 3 個特質

至於最傑出的創意人，他們有什麼特質？

正常的生活，但認真地生活

我見過的傑出創意人，都不會奇裝異服，只有那些二流的創意人才會刻意打扮自己成為一個看起來很有創意的人。一流的創意人，他們常沒有心思打扮自己，全心全意專注在創作上。同樣的，一流創意人的日常生活和平常人一樣非常正常，吃飯、睡覺、逛街、逛書店、上館子、上網、看電影、看小說……，只有親身過一般的大眾生活，才能進入平凡大眾的小宇宙，去領悟能夠打動群眾的創作方法。那些逃避壓力經常躲在時尚酒吧消磨時間的時髦人士，大部分屬於二流的創意人。

永遠保持 6 歲小孩的好奇心

一流的創意人，是永遠的新鮮人，他們對什麼事都充滿好奇心，除喜歡閱讀各種不同類別的書籍、報章雜誌，看各種不同類別的電影、影片來滿足他們的求知欲，同時也對「人」充滿熱情與興趣。他們不見得是社交高手，但會很有興趣想要多瞭解人，他們不會像一個調研人員到處問人：「你為什麼這麼想？那樣做？……」但他們會認真地觀察與體會。

思維敏捷，對天底下每件事都有新鮮的觀點

一流的創意人都是天生聰明絕頂的人，和他們交談充滿樂趣，因為他們總能在無聊透頂的話題中找到新路徑來敘說他的故事，原來他們對天底下的每件事都有自己的觀點，他們勇敢探索、勇敢表達。

阿桂師傅的提醒

　　若想要在業界屹立，成為永遠創意第一的組織，對旗下的創意人應該最包容、最珍惜、最寶貝，但同時也必須最殘酷，因為失去創造力是絕對不可容忍的事。對充滿創造力的創意人我們不僅要給予最好的待遇，還要對他們完全的愛與信任，但對失去創意能力的人，我們必須考慮新陳代謝。

15 關於優秀業務的幾件事

我年輕的時候，原來想做一個文案，成為一隻乳牛，但是沒有應徵上，後來我找到 AE 的業務工作，成為一個擠奶工人。在我 40 年的廣告生涯，曾經和很多不同的創意團隊合作，我也特別會得獎，得過許多獎項。我心裡想，我應該是一位很優秀的擠奶工人。相同的乳牛，不同的擠奶工人，有的工人擠的奶量多，有的人擠的奶量少，如同最優秀的印刷工人可以用二流的印刷設備印出一流的印刷產品，而最優秀的業務人員，則可以讓二流的創意人員產出一流的作品。

好業務的 3 個特質

最傑出的創意只會寄生在最優秀的業務團隊上，想要擁有第一流的創意作品，你必須擁有強大的業務團隊。

相對創意人員有產出的生命週期，業務人員則是越老越有經驗，越有價值。老謀深算的業務最有能力啟發他的創意夥伴，保護好創意的作品。為了要有最好的創意產品，他們打心底愛他的創意夥伴，無條件地支持好創意的作品。

從夥伴的角度，一個好的業務夥伴必須擁有以下 3 個特質：

1. 是真正的夥伴

絕對不是對方的拖油瓶，而是各自做好自己應該做的本分，那種依靠甜言蜜語、喝酒交際，施予小惠所獲得的夥伴關係，不真誠也不持久。

2. 鼓勵實驗精神

所謂實驗精神就是鼓勵任何人最少可以犯錯一次，因此創意人員才敢冒險做新鮮的嘗試，並且提倡「不冒險就是最大風險」的價值觀，任何偉大的作品都有它必然的風險，比起乘風破浪，避風港無聊透頂。

3. 勇敢販售傑出的作品

創意人員最被感動的場景，就是看見他的業務夥伴奮不顧身地捍衛他的創意作品，比他自己還更珍惜。業務必須更有勇氣，全力支持那令你害怕的點子，而且當你找到好東西時，不要輕易放掉它。另一種情況則是，業務為了要持續原有成功的 campaign，他必須花更多時間、精力，冒著被客戶誤會為懶惰不求上進的風險，用更多頁的 PPT 來說服客戶同意明年繼續採用和今年一樣的創意概念。

好業務的 4 個基本功

業務需要擁有 4 個基本功，才能好好疼愛與支持他的創意夥伴。分別是：

指引精確有啟發的策略方向

定義創意的課題，是每一個業務最基本的責任；擬定精準的策略是優秀業務應該有的技能；給予創意團隊

一個有啟發性的簡報，則是傑出業務與眾不同的地方。業務除了和創意相關的事務外，還有許多的工作，但啟發創意是所有業務工作中最有價值的工作。一個業務對組織最大的價值，當然是爭取公司最大的利潤，但要能維繫長久的高利潤，必須是公司擁有市場上最高的行情，而高價的行情卻又決定於這家公司的創造力。

創造力除了來自傑出的創意人才，其次重要的，正是每個有啟發性的創意簡報。什麼是有啟發性的創意簡報呢？舉一個簡單的例子，如果我們要販賣梨子，希望在策略上要求精準，所以我們在梨子所提供的兩個利益「好吃與營養」中選擇了好吃。沒有選擇就沒有策略，所以廣告的訴求是好吃，然而，傳達「多汁」這個訊息卻比「好吃」這個訊息，更具啟發創意思考的作用。讀者可以自己試做兩個廣告，一個是「好吃的梨子」，另一個是「多汁的梨子」就能領悟我所說的意思。

懂得如何按摩創意

第一流的業務不但能夠給予創意團隊一個有啟發性的簡報，之後還要懂得如何「按摩」創意，直到創意提

案的前一天晚上。所謂真正的啟發性簡報，不是一頁精彩的策略簡報，而是一個全套按摩的過程。按摩的重點是什麼？就是不斷提供創意團隊「如何說」的創意洞察，如何讓訊息更明白的論述，如何讓訊息更有感覺的方法，還有其他各種刺激物，例如競爭品牌的廣告，相同課題的其他作品，甚至一些自己發想的創意概念等，都應該毫不吝嗇的與創意人員分享。

提煉創意的 Idea

當內部在審視創意時，除了檢視創意是否合乎策略之外，好業務更要用心找尋任何有機會能夠發揚光大的小點子。所有偉大點子的開始通常都是來自一個小點子，然後被不斷優化而養大成為一個大點子。我們不必去挑剔作品的缺點，而是要去放大作品的優點，因為優點被無限放大之後，在有限的空間與時間下，作品的缺點將會自然消失。

當我們遇到一個創意作品，雖然不合乎策略，但卻能解決當下的商業課題，在這種情況下我們可以因為傑出的創意而放棄原有策略，甚至修改原來的策略。因為

策略也有許多可能性，解決問題方法有很多種，如果因為創意的黑魔法變出了神奇的創意點子，又可以解決問題，這樣「尾巴搖身體」的結果，我們不但可以接受，而且要欣喜若狂。但，前提是它必須能夠解決當下的商業課題。

爭取有利創意機會的資源

所謂資源也就是時間與金錢。一個好作品必須有 3 個條件，分別是傑出的人才、足夠的時間與大量的金錢，這 3 個條件擁有其中兩個，才能有機會生產偉大的作品。

一個沒有足夠製作預算的項目，如果我們擁有最佳的創意人與較長的時間，就有機會想出一個既便宜卻美好的創意作品。如果是要趕工製作，那麼擁有傑出人才和相當的預算就可加快速度完成任務，但是如果只是擁有二流的創意夥伴，那麼就得依賴業務爭取到足夠的時間和較多的預算來創造一流的作品。

足夠的時間是創造新鮮作品的必要條件，「如何又好又快」這個課題是個偽命題，因為產生新的創意是一

個發酵的過程，靈感不是拍拍腦袋就可以跳出來的。正如釀酒時發酵時間太短，打開就是一瓶廉價的米酒，有足夠的發酵時間（在我們這行，最好的發想時間是 2～3 週）打開來才會高級的紅酒。時間太長也不好，過久的時間（如半年）會讓創意人員因為沒有腎上腺素而散漫。另外，在不考慮投資報酬率的前提下，創意的製作費當然是越高越好，越有利做出好作品。精緻的品味永遠能為作品加分，而精緻品味必須來自許多細節被優化的累積。

爭取足夠的作業時間和充裕的預算金額是業務的天職，也是傑出業務對創意作品最直接的貢獻。

阿桂師傅的提醒

　　定義創意的課題，是每一個業務最基本的責任；擬定精準的策略是優秀業務應該有的技能；給予創意團隊一個有啟發性的簡報，則是傑出業務與眾不同的地方。業務除了和創意相關的事務之外，還有許多的工作，但啟發創意是所有業務工作中最有價值的工作。

16 關於優秀企劃的幾件事

優秀企劃的 4 個特質

特別聰明

人人都可以成為企劃，但真正的企劃高手卻是極少，就像帝國大廈的避雷針，占整個帝國大廈體積的比例一樣少。這些天生的企劃高手，都非常聰明，所謂聰明指的是理解事物背後的能力，不止是舉一反三，更有看透真相的洞察力，還有便是記憶力超強，過目不忘，總是能儲存資料，累積知識。

特別好奇

傑出的企劃，對天底下的各種事情都很好奇。最愛問為什麼，尤其不會裝懂，凡是遇到不懂的事，一定打破沙鍋問到底，問到自己真正清楚明白，並且消化成自

己的語言，藉由反饋自己的想法來求證是否真正的理解。一流的企劃總能將複雜的事簡單化，二流的企劃常會將簡單的事複雜化；唯有真正理解才能純化，而一知半解則只有忽悠化。

特別會講故事

一流的企劃，總是能將相同的話題，用新鮮的角度來切入，說出有新鮮感的故事；能在不同的事物，洞見相同的本質；能在相同的事物，看見不同的細節，所以很懂得如何比喻讓人易懂的莞爾一笑。

他們在布局故事的結構時，懂得利用糾結，讓故事更好聽有意思；同時也會說些未來的故事，因為他們總能從很小的線索，看見未來的大方向，對未來的趨勢總有特別的見解與解釋的能力。每個人都喜歡聽先知說著未來的故事。

通常是很差的業務

幸好，上帝是公平的，一個傑出的企劃，往往是個差勁的業務，因為他們特別敏感，甚至多愁善感，所以

遇到挫折恢復慢，沒有安全感，遇到小事就想太多，一輩子的焦慮，這是做業務的忌諱。另外，由於反應太快，沒有耐性，這些是特別傑出企劃天生附帶的副作用。但是，有沒有例外？還是有的。

企劃的 4 個基本能力

1. 必須會寫企劃案

專業的企劃，不能只是空談策略而無法落筆寫企劃案，所有企劃案的基本原型就是挑戰、洞察、解決方案3 個步驟。挑戰就是定義課題；洞察包括人、社會、消費族群，甚至如何打動人心的方法，如何說服人性。最後，解決方案必須是新鮮，沒有人用過的；實用，具有延展性的；合理，能前後呼應的解決之道。

會分析

首先能從繁雜的資料中理出有用的知識，再從取得的知識中分析其中的道理，在這些道理中分析出有用的觀點，並且能理解這些觀點背面的真相，也就是從數字

中找到洞察。分析的目的是在化繁為簡，純化結晶。

會販賣

企劃人員也必須很會販賣，販賣自己的想法與觀點。代理商的販賣是一種邏輯，也是一門藝術，除了說服的道理，還要有打動的熱情，特別是企劃在販賣之前一定要清楚自己的觀點，知道自己要賣的是什麼，因為企劃的忽悠是很容易被識破的。

聞得到錢的味道

以前，我很偏好雇用資深文案來做企劃，因為我認為文筆好的人，思路必定清晰，直到我雇用的一個創意轉企劃的部屬，來向我辭職，原因是她發現自己聞不到錢的味道，我當下明白她的意思，也接受了她的辭職。企劃的基本條件就是必須能聞得到錢的味道，知道所擬的創意概念和生意之間的關係。我們的職責就是要幫助客人賣東西，所以必須知道生意的來源是什麼？生意到底是怎麼來的？如何做能幫助生意？說什麼能幫助生意，如何說能幫助生意？這些就是錢的味道。

如何培養企劃的能力

多看案例

其中以報獎影片最有用，每一個報獎影片都是一組人將雜亂的資訊梳理成一支有條有理的 3 分鐘影片，短短 3 分鐘濃縮了一年的策劃與執行，和數十小時的寫作與剪輯，是最好吸收案例的工具，報獎帶通常不會外流，所以也不易看到。但是會找資料的人，總是能找到現成案例，來擴展自己的眼界。我曾經有個部屬英文很好又有興趣，收集了許多全世界有名的成功案例，每次討論他都能信手拈來相關的案例，做為論述的參考。他的企劃都是優化別人的案例，成為自己成功的案例。案例是幫助企劃的最佳刺激物，多看案例，就像學寫書法，開始可能都是摹仿練習，之後熟能生巧，就能進化成有自己的風格。

認真生活

優秀的企劃內容通常來自日常生活的共鳴，培養企劃能力就要追求人生精彩，生活豐富。然而，也許我們沒有太多的時間來過正常的生活，沒有太多的機遇來體

驗驚豔的特別時刻，這樣就要多看書，多看電影。一本書結晶作者一生的經驗，一部電影濃縮了眾多人生百態，這是豐富自己人生經驗的捷徑。我們這行奇妙的地方，就是大大的吃喝玩樂，就是好好的功課準備，結果還有人付我們錢，獎勵我們努力生活。

多寫文章

寫文章是做企劃最好的習慣，沒事就寫文章，寫日記，寫東西。聊天談話，空談策略都不如靜下來，整理思緒，動筆寫寫文章。寫文章是企劃最有意義的休閒活動，文章可以放在臉書、微博分享，文章也可以結集成冊，最後印刷出書，更重要的，寫文章的當下就是訓練頭腦最好的體操。

業務如何和企劃合作？

提供課題

定義正確的商業課題是業務的責任，也是業務對企劃的交棒點。給企劃的簡報絕對不是未經消化地將客戶

給的資料直接轉發給企劃就好了，業務最重要就是要向客戶追問，確認做傳播的目的，是想要解決生意上什麼問題或是放大生意上什麼機會，並且將商業問題根據商業的洞察，轉化成傳播的課題，然後交給企劃，這也是業務在策略上最大的貢獻。

前面已經提過，表達商業課題，最好的句型是：為了達成 X，我們必須做 Y，而不是做 Z。例如為了銷售位在三亞的 1000 單位豪宅，我們必須針對東北的富翁，而不是三亞當地的有錢人。因此業務對生意的來源要有策略的觀點，不要完全依賴企劃，成為企劃的寄生蟲，一定要在策略的前端，負責策略的大方向，才會不斷進步。

提供競爭分析

這是一個有爭議的工作分配，到底競爭分析該由業務還是企劃提供，我站在希望業務成長、培養業務也有策略思考能力的立場，建議這項工作是由業務來負責。因為競爭分析是思考策略前的基本功，有策略頭腦的業務一定比只有業務思考能力的業務有發展、成長快。至於競爭分析的內容，除了競品資料的收集，還必須有整

理的過程，整理出哪些產品特點是我有，但別人沒有的？哪些是我有，別人也有，而且是一樣好的？哪些是別人有，但我卻沒有？

競品分析通常要分析 3 ～ 7 個，可根據人們選擇一個商品需要多少參考數量來決定，例如汽車三選一，洗髮精七選一，收集足夠但不超量的競品數量，進行深入研究。研究各競品的核心消費群，不同競爭者主消費者的描述，除了年齡、性別、城市化程度、職業等統計學上的定義，還有什麼其他相關維度以區隔市場，以及各競爭品在消費上不同的用途，不同的意義等。競爭分析的內涵其實就是對競爭品牌的定位，因此不只是競品的資料收集，還要從目標對象、使用場景及差異化的產品特點來做分析，推測判斷。

以上是我對競爭分析的基本要求，如果還有期待，那就是根據上述競爭分析所獲得的心得與建議。當業務對企劃簡報時，附上一份美好的競爭分析一定會讓企劃感動，並決定好好做企劃工作。

提供足夠的時間

策略和創意一樣，需要足夠的時間發酵，才會產出有創意的策略，以前沒有人想過的新鮮妙計。人可以在20分鐘內根據經驗想出8成的策略想法，但這些都是根據別人已經用過的想法來優化，不是原生的創意，如果企業也追求創新的策略，就需要一些時間來發酵，一瓶釀造時間足夠的酒，打開來，才是好酒，酒越陳越香，策略也是一樣，需要潛意識的靈感，所以業務能夠運用能幹的業務能力爭取足夠的時間給企劃，企劃也會心知肚明的由衷感謝。

為企劃夥伴宣傳

打造企劃在客戶心目中的地位，企劃在客戶心目中的地位越高就越有說服力。可是自己表揚自己，不但給人自吹自擂的惡印象而且毫不可信。若是有業務帶著崇拜的眼光向客人大力推薦，大聲稱讚，全心全力背書，是比較有效果的作法。企劃因為有地位而增加說服力，對業務而言，不但減少了來回修改提案的成本，也增加了收取費用的行情。企劃越好，業務才好。

創意如何和企劃合作？

對話，對話，不斷對話

對話是什麼？對話和辯論有何不同？和討論有何不同？辯論是二人各有觀點，並堅持自己的觀點是對的，對方是錯的；討論是二人各有觀點，但不堅持己見，客觀的討論哪一個是比較好的觀點。創意人員和企劃人員透過對話的方式，可以創新，突破，想出之前沒有的想法，對話是最有建設性的談話。

要求企劃人員提供一個示範廣告（我稱之 Planner's AD）

每個企劃在做創意簡報交接工作時，都應該先假設自己是接收工作的另一端——創意人員，想像接到這樣的簡報（Creative Brief）後，自己到底能不能也想出一個創意，來證明這個簡報的可行性。有些策略根本狗屁不通，看起來有道理，其實無法想出創意，例如我曾經有一個策略，是法國品牌的優格產品切入市場的角度，口味不會像其他外國品牌的優格特別酸，也不會像國產品牌的優格特別甜，所以我的創意策略就是：不會太酸，不會太甜。這種不酸不甜的簡報，創意很難想，不信的

讀者可以自己試著做一個不會太酸，不會太甜的廣告。所以企劃要根據自己的簡報先試做一個廣告看看，如果連自己都想不出來，不要期待別人也想的出來。

企劃示範用的廣告不必精彩，但必須有一個做為例子，然而有時候企劃示範用廣告也可能冒出黑馬，成為不錯甚至傑出的廣告，因此創意養成習慣要求企劃人員做一個示範的廣告，不但可以確保交棒點的可行性，也可能藉此獲得許多有用的刺激物來幫助自己發想創意。

阿桂師傅的提醒

　　寫文章是做企劃最好的習慣，沒事就寫文章，寫日記，寫東西。聊天談話，空談策略都不如靜下來，整理思緒，動筆寫寫文章。寫文章是企劃最有意義的休閒活動，文章可以放在臉書、微博分享，文章也可以結集成冊，最後印刷出書，更重要的，寫文章的當下就是訓練頭腦最好的體操。

17 裁員之快進快出

　　景氣高低起伏，難免有碰上不得不「砍人」的時刻，什麼時候該砍？哪些人該優先勸退？怎麼溝通將傷害降到最低？這一行靠的是人才的腦力，通常人人聰明反應快，又敏感易感，裁員真不是件容易的活兒。事業生涯走到此刻，腦海中仍有幾件難忘的裁員故事。

　　我的老闆，TB，是個非常善用「儀式感管理」的領導，有天他約我星期六早上到麗池卡爾登五星酒店吃早餐，當年這可是台北市最高級的酒店，精緻高雅，是許多國外高管來台出差的首選。我很納悶，明明我的辦公室就在他的辦公室隔壁，有什麼事探頭過來叫我進去聽吩咐就好，何必大費周章？星期六一大早我來到酒店一樓的義大利餐廳，只見 TB 早已到了，餐桌上擺著德國香腸及喝了半杯的果汁……，TB 放下早報，托好眼鏡，告訴我：「我觀察台灣的情況，市場就要下降，所以你要

趁早裁員剪枝，至少 15％。」「可是我今年才發給員工有始以來最高的年終獎金，平均 4 個月耶！為什麼要裁員？」我很不服氣的抗議，「不！你要趁著你手頭資源豐富的時候，才能給你要遣散的人最好的善後。」

和 TB 的對話像是來回重覆播放的錄音帶，但我明白這顯然不是個討論，而是上級的指令，軟弱的我最終不敢抗命，帶著惡劣的心情，離開酒店回家。

週一上班，我立刻找了財務長及各部門部長來開會，說明裁員的必要性，並討論人數與分配，20 個人，每個部門 4 ～ 5 人。話說我手下的各部長竟然都沒有強烈反對，該不是他們心裡早就有清理門戶的念頭了？否則就是像我，是一群聽話軟弱的部屬。最令我欣慰的是，當我問到名單確定之後，誰要去執行勸退工作時，他們都說當然是由各部部長自行解決。分層負責真是一個很好的管理機制！我心裡想。

過不久，我遇到裁員名單裡的董 CD，我試探著問他，他的主管老杜有和你說什麼嗎？

「有啊，大意就是要我改進一下和他的合作關係！」

我心想，這是什麼的溝通？不清不楚，不明不白。

看來沒有人願意做裁員的劊子手，一切都得由我總經理親自下手了。我當下告訴他真相，然後兩人間就是一陣沉默。董 CD 在一星期後打電話給我，要求多發 3 個月的遣散費，我一口答應，正如 TB 說的，趁我有資源的時候來處理人比較容易。

快刀斬亂麻

因為裁員之事，我的壓力大增，只得打電話給朋友請教裁員的經驗。我首先請問了易利信的人事總監，他告訴我，裁員先要有正義之師，像他們這個產業，明白規定每年要開除評估落在最後的 5％，沒有一個所謂及格就完全安全的標準，反正 100 個人裡的最後 5 名必須自動離去，藉此保證組織能不斷新陳代謝，永遠新鮮。對於我們這種以創意為核心的組織，我覺得惡性的同儕

競爭對促進團隊合作非常不利，決定不採納這個主張。

　　我又打了一通電話給好友范慶南，她在網路泡沫化時代擔任 CEO，對裁員大有經驗，她給我一個忠告：永遠不要叫人來你的辦公室，接收他們即將被裁掉的訊息，因為對方可能在你房間哭哭啼啼一直不走。你要走去他的座位，快刀斬亂麻地直說：明天這裡已經沒有你的位子了。直接了當，快進快出。

　　HoHo，奧美創意部的黨國元老，年輕時手藝不錯，腳本插畫噴修樣樣精通，那是一個手工繪畫的時代，不會畫圖怎麼能進廣告公司當設計呢？後來時代不同了，一切改用電腦製圖、貼圖、美圖，設計更快更精美，但是 HoHo 沒有跟上時代，沒有粉碎自己發奮圖強，學習新的技能。為了他，我們必須雇用一個年輕的小設計做為他的手腳，由他口述，下面的人執行，只是小設計長大了，HoHo 的價值也就沒有了，所以他在名單上，等著我來親自處理。

　　這天，我在他桌上放著一篇張忠謀的文章，文章內

容的大意是：在 50 年前如果你有一技之長，你可以靠它用一輩子；10 年前，如果你有一項過人的技藝，大概只能讓你保有 6 個月的競爭能力。時代在變化，如果不能跟上改變，不斷進步，就會被淘汰。第二天，我打內線電話給他，「HoHo，你有沒有看見我昨天給你的一篇文章？你有什麼感想？」「桂總，我看了，但是我不懂這是什麼意思？」於是我立刻約他在公司的圖書館見面，我當下告訴他：「這就是在說你，這麼多年你都不願意學電腦設計，跟上時代，我還必須多雇一個人當你的下手，公司現在已經沒這個奢侈的能力，我給你 3 個月有薪休假，你明天開始不用來公司，趕快去找新的工作。」

我沒有完全按照范慶南的建議，因為顧及 HoHo 的顏面，我選擇了第三空間圖書館來快進快出。圖書館成為我的屠殺場。HoHo 聽完一言不語地轉身離開，但是第二天他依然準時上班，直到下班才離開。雖然我們已經不再發工作給他，他還是每天早上 9 點準時到公司，坐在座位上一言不語等到下午 5 點才走。看到這樣我都替他著急，我說：「HoHo 你不要再來公司，你趕快去找工作啊！你利用在奧美工作的期間找工作比較好找。」

他說：「我知道。」但是他還是沒聽從我的話，每天準時到公司，坐著等到下班離開，就這樣 3 個月過去，他離開公司後我們從此沒有再碰過面，我相信他是嚇呆了，始終無法接受這個事實，事隔多年，我遇到他的妻子（我老闆的前任秘書，回到奧美集團工作），我問她：「HoHo 在哪上班？」她帶著恨意回答我，HoHo 一直沒有再找工作，現在的她不能失業。

永遠記得他們每一個

小董接到被裁員的通知後，直接來找我抗議，他說該被裁的是他老闆 Nick，然後講許多 Nick 的壞話。但是對我而言，面對直屬報告的軍官團與其部屬之間的矛盾，也許存在對與對的選擇，但在這個灰色地帶，我會毫不遲疑地選擇支持我的直屬下線，軍官與士兵的差別就在於此，於是我還是 let go 小董。

事隔 3 年，微信剛起，流行用微信拜年，這年小董來了一封好長好長的賀年文，起頭當然是長官許久不見，

甚念，祝福長官闔家平安，新年快樂的話，不料話鋒一轉，想當年被長官拖至午門，斬首示眾，如今帶精英部隊於青島海爾比稿，大敗北京奧美，成立青島辦公室，服務海爾客戶，手下百餘人，業績卓越……。我的文筆不如小董一貫的文言文寫作，在此只能記憶片段，總之我回了小董一句：「我替你高興！」小董用戰績與成就證明了我當年看走眼，失去一個如此英勇的大將，但我是真心替他高興！

後來我去大陸出差，在東航的貴賓休息室巧遇小董，見面時我倆真誠擁抱，心中的膽結石從此掉了下來。事後又隔了多年，小董回台擔任小廣告公司的總經理，我則剛好有機會去了青島海爾總部演講，他之前的手下大海成了奧美青島辦公室的負責人，改為奧美服務。小董過去的多位戰將投靠了奧美，在青島，我感受到小董的子弟兵眾對他的尊敬與欽佩無比，可以想像當年小董在青島是個有頭有臉的風雲人物。

過去的奧美有自己的攝影棚，雇了師徒二名攝影師，也在奧美待了 10 年以上，頭兒人稱大哥，我也追隨著叫。

這次大哥也在裁員名單中，我單刀直入跟他說：「大哥，我們這個攝影棚，早在王懿行時代就打算裁撤掉，因為藝術指導都希望將攝影外包給更專業的攝影師，但我卻替你關說，我奧美生意興隆，又不缺錢，養一個攝影部也不為過，於是我為你保住了一次攝影棚。後來老杜上台第一件事就是想砍掉攝影棚這個不賺錢的拖油瓶，我也和老杜說我奧美生意興隆，又不缺錢，多養一個攝影部也不為過，這是我第二次關說又保了你。現在我們要搬到松仁路新的辦公室，那裡我們沒有攝影棚的空間了，現在這間攝影棚所有器材與設備全部免費送給你，你自己去外面創業吧！」

沒想到大哥說：「如果當時就讓我走，我還可以趁著年輕勇敢出去創業，現在的我哪來時間學習新的技術，哪有體力來開發新的業務？是你害了我的前途！」我聽了，無語。

阿嬌是我很喜歡的一名包裝設計，但當時裁員名單上卻出現她，我問主管：「為什麼？」主管告訴我：「她的速度太慢了。」5 年後的某一天下午，我從我是大衛

廣告公司的辦公室下來，第一眼就看見了阿嬌，阿嬌也第一眼看見我，我正要開口打招呼，她的第一句話竟是：「阿桂，我現在動作很快，最近都是在做急件，像我幫李奧貝納設計麥當勞的促銷包裝又快又好！……」她說個不停，但傳遞的都是相同的訊息，就是她現在的工作速度很快了。也難怪她連問候也沒有就直接告訴我她現在速度很快，因為速度慢被裁員的陰影一直折磨著她，見到我就爆發出來。

我一直欣賞日本企業終身雇用，絕不裁員的美德，沒想到我竟是台灣奧美成立以來裁員最多的總經理，我記不得許多自願離職的奧美朋友，但我記得每一個被我裁掉的部屬，他們也記得我。

以儀式感創造永恆的記憶

儀式感是管理上的重要工具，我當上奧美廣告總經理時，我的老闆莊淑芬 *call* 我進她的辦公室耳提面命，說我這個人天生歧視儀式，總認為儀式是一種官僚作風，矯情行為，殊不知，儀式感是管理上的重要工具，因為「人們不會將你在抽煙聊天時的指令當作一回事，重要的指示必須透過有紀律的儀式來下達，才有正式感，才能讓你的意念化為部屬真正的行動。」

儀式感能創造新鮮的記憶。大組織的管理，必須透過各種有儀式感的會議來落實組織運作的各種行動，像是被設計好的共識會，不但能吸收更多開放的想法並且凝聚共同意識，也能聚焦在組織的重大課題上；定期的財務 *Review* 會議才能即時看清收益上的危機及有效控管成本，讓公司的財務健康；臨時任務編組的工作會議，除了探討問題的核心，

也分配每個人的角色，進行分工合作……，還有許多許多的議題，都是藉會議形成的儀式感，讓與會人員記憶深刻，讓組織的運作更加暢順，團隊更有行動力！

葉明桂：我命好，進了廣告業

採訪者：張宵雯，行銷傳播經理，奧美中國

他，從 1984 年就踏入了廣告行業，在 30 年中日積月累，逐漸從一位廣告業的學生成長為傳播界的老師。

他，既有一針見血的策略，也有非常溫暖的創意。

他是被譽為「廣告鬼才」的葉明桂，台北奧美集團策略長兼副董事長。

在計畫阿桂的採訪時，我們故意準備了幾個刁鑽的問題，看看策略長的頭銜是否名副其實。

·

結果，出人意料的是，他使用的策略就是「不用策略」。阿桂用真誠和機智，讓我們完全忘記要為難他這件事，反而被他的回答直擊心底。

239

1. 關於策略

請用一句話解釋「策略」是做什麼的？

　　阿桂：策略其實分很多種，我們是屬於傳媒性質的。用一句話來講，我們就是要根據客人的商業課題，找到傳播中可以解決的方案，然後應用在各種媒介上。

好的策略，和不好的策略有什麼區別？

　　阿桂：一個傑出的策略，會包含創意，會帶來啟發。傑出的創意人能啟發他的夥伴們做出更好的作品，要有奸計，一定要奸詐。

　　創意人就是要奸詐。

　　這個奸詐指的是：新鮮的解決之道，不老套，而不是說：「哦，我們以前有個案例是吧啦吧啦……」，然後抄襲、參考、複製成功的案例，這就沒有新鮮的觀點。

怎樣才能成為一個傑出的策略人？

　　阿桂：第一，要有才情，策略是天生加上後天經驗，

240

然後變得越來越好。第二，需要直覺，這種直覺可以產生新的假設，然後他又有能力用邏輯去把假設合理化，讓人家聽起來很有道理。

大部分的策略人都是左腦，很邏輯，會分析。但是他沒有黑魔法，缺乏直覺，缺乏拍腦袋就能想出精確方案。

從工作的角度說，想成為一個好的策略人，就不要老以為過去的成功經驗可以毫無條件的複製在未來的案例上，這樣常常會故步自封，變得自以為是。

我常常提醒自己，要堅持傾聽，傾聽客人的觀點、部下的觀點、消費者的觀點。因為當我停止傾聽和好奇，就是我退步的開始。很多客人指名要我，是因為我過去的成功案例，我希望自己不要掉入這個思維裡。

2. 關於客戶

您為什麼愛把「客戶」稱為「客人」呢？

　　阿桂：客戶是工作上的相對關係，是一種生意。客人是一種合作的對等關係，多了一份親切，多了一份自然的體貼。客人不在乎你懂多少，直到他真正瞭解你多關心在乎他。

您基於什麼樣的原則來服務客戶？

　　阿桂：我們做客人，是三選二。

　　第一，有錢，因為有錢的客人可以給我們的員工加薪，提供更好的福利。

　　第二，客人很尊重專業，他會變成一個好的案例，讓我們有一個做出好作品的機會。

　　第三，他能讓我們的員工有學習價值。

　　所以我為你梳理一下，趁我們現在還能和客人合作，

我們一定要選擇客人，不要因為錢而失去了我們的理智，而是時刻記得我們的原則。

3. 關於作品

您覺得什麼樣的作品，才是好作品？

　　阿桂：只要自己覺得驕傲的作品都是好作品。

　　好作品不用多說，自然就令人感動。但前提條件是，一定要有對消費者的洞察，或是人性的洞察、社會的洞察，讓人哭，讓人笑，讓人永生難忘，讓人充滿心動，那其他的都是假的。所以好作品很容易辨別，因為它影響了很多人，所以他才會感到驕傲。

那當你看到別人做出好作品的時候，你是什麼感覺？

　　阿桂：對啊，為什麼不是我們做的呢，為什麼我們沒想到呢？除了嫉妒還是嫉妒。原來我也是個凡人嘛，我也會嫉妒，原諒我不會真心為他們喝彩，原來我這麼不完美。

243

那您是怎樣管理您的團隊，讓大家能做出好作品？

阿桂：我的使命就是發掘大家的潛力，去培養他們。我不在乎員工有多少缺點，只在乎員工是不是有一個優點。我們千萬不要去做一個沒缺點又沒優點的人。

我對員工只稱讚不批評。就是只看到人家的好處，稱讚他，包容別人的缺點。要改變一個缺點很難，但是我們要把一個人的優點發揮到極致，他的缺點和他的弱點就會被他的優點所掩蓋。

每個人都需要有最厲害的地方，組織才可以去利用。

4. 關於行業

如果你回到你剛剛入行的那一天，你可以跟那時候的自己說一句話，你會說什麼？

阿桂：我會說：「你對了，你夠命好，你找對工作了。」因為這剛好是我的興趣啊。我本來是要做貿易的，

還好我沒去。如果回到我第一天早上到奧美工作的時候，那我就會說我真是來對了。

您覺得奧美對您意味著什麼？

阿桂：奧美意味著對創意、知識和人的尊重。因為創意不會生長在官僚的土壤上，我們不會去做飛機稿迎合客人。做為一個真心相信創意可以幫助客人賣東西的公司，我們會去說服客人。

當然，我們也愛錢，但我們沒有被錢所奴役，因為有些東西和錢一樣重要，那就是追求專業的信念。在我們還能選擇客人的時候，如果會影響到原則，那麼給再多錢我們也不會做，我覺得奧美在我眼中是這樣子。

您覺得您加班多嗎，怎麼和您的夫人解釋呢？

阿桂：沒辦法解釋了。或者說，她是奧美的寡婦吧，早在 24 年前她就這麼說了，她說她認了。

（此處沉默 5 秒……）無法解釋，只能說我自私了。

您對想進行業的後輩們有什麼建議？

阿桂：我希望他們找到又擅長又感興趣的事情。

我很幸運，你看我找到了這件事，就會做得很好。很多人在工作上，興趣和擅長沒有兼得。有人甚至是臥薪嚐膽，去做他既不擅長也不感興趣的事情，都沒我這麼幸運。

即使說我們這行工作時間長，但如果我加班的時間都樂在其中，那我也不覺得苦了。而有人上班就是為了下班，當然難熬。

My Reading Notes

BIG 420

學 品牌：
一個40年廣告老師傅的壓箱絕活

作者 葉明桂｜策劃暨編輯 有方文化｜總編輯 余宜芳｜主編 李宜芬｜編輯協力 謝翠鈺｜企劃 陳玟利｜封面設計 陳文德｜內頁排版 薛美惠｜董事長 趙政岷｜出版者 時報文化出版企業股份有限公司｜地址 108019台北市和平西路三段二四〇號七樓　發行專線—（02）23066842　讀者服務專線— 0800231705　（02）23047103讀者服務傳真—（02）23046858　郵撥—一九三四四七二四時報文化出版公司　信箱—一〇八九九台北華江橋郵局第九九信箱　時報悅讀網 http://www.readingtimes.com.tw｜法律顧問 理律法律事務所 陳長文律師、李念祖律師｜印刷 勁達印刷有限公司——初版一刷 2023 年 10 月 6 日｜初版三刷 2023 年 11 月 8 日｜定價 新台幣 400 元｜缺頁或破損的書，請寄回更換

時報文化出版公司成立於一九七五年，一九九九年股票上櫃公開發行，
二〇〇八年脫離中時集團非屬旺中，
以「尊重智慧與創意的文化事業」為信念。

有方文化

Printed in Taiwan

學 品牌：一個 40 年廣告老師傅的壓箱絕活 / 葉明桂作 . -- 初版 . --
臺北市：時報文化出版企業股份有限公司，2023.10
面；　公分 . -- (big；420)
ISBN 978-626-374-270-3 (平裝)

1.CST: 品牌行銷 2.CST: 行銷策略 3.CST: 廣告策略

496.14　　　　　　　　　　　　　　　　112013852

ISBN 978-626-374-270-3